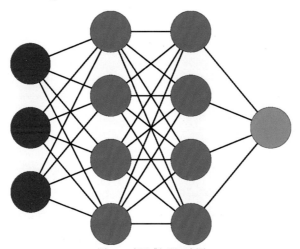

图 3.1 多层感知器示意图

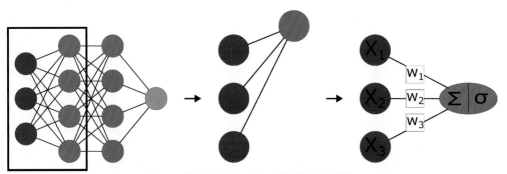

图 3.2 神经网络中人工神经元执行的聚合和转换

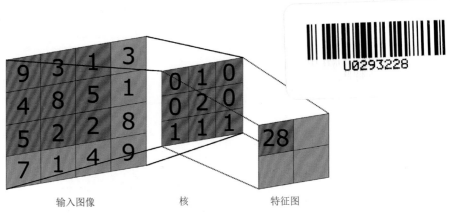

输入图像　　　　　　核　　　　　　特征图

图 3.4 卷积层执行的数值运算

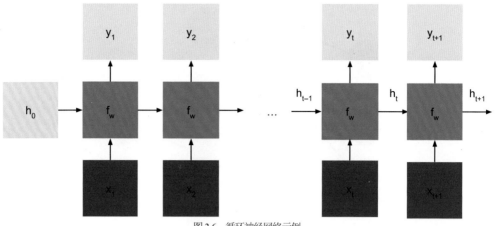

图 3.6 循环神经网络示例

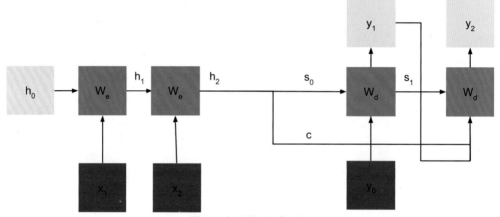

图 3.7 序列到序列网络示例

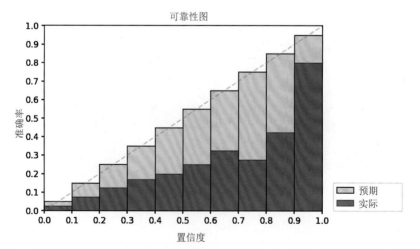

图 3.9 过高置信神经网络的可靠性图。根据经验确定的"实际"准确率(紫色条)始终低于网络预测值(粉色条和灰色虚线)所显示的准确率

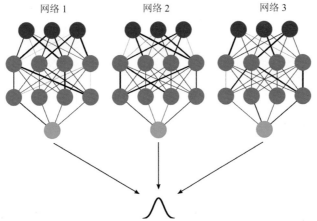

图 6.2　深度集成学习示例。注意，三个网络的权重不同，如粗细不同的边所示

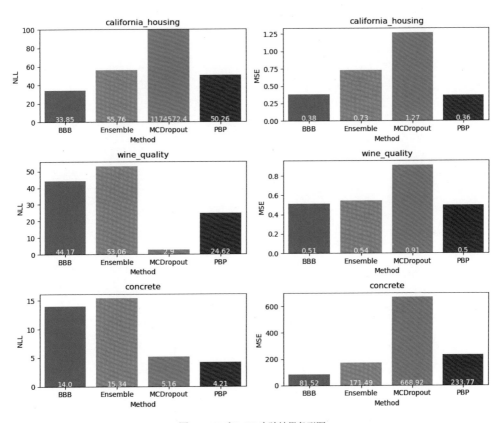

图 7.1　LL 和 MSE 实验结果条形图

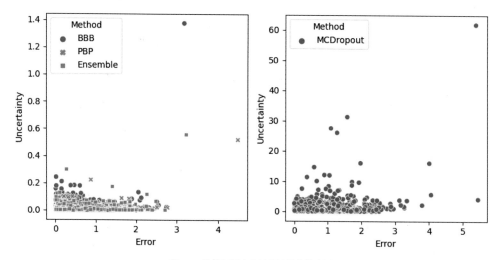

图 7.2　误差与不确定性估计值的散点图

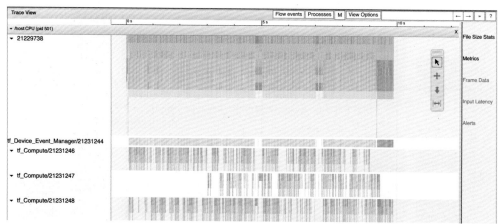

图 7.4　TensorBoard 图形用户界面中的跟踪查看器

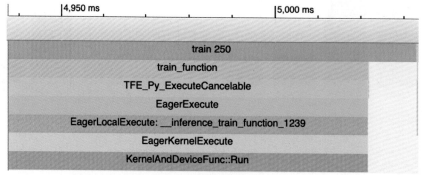

图 7.5　TensorBoard 图形用户界面的跟踪查看器，突出显示训练模块

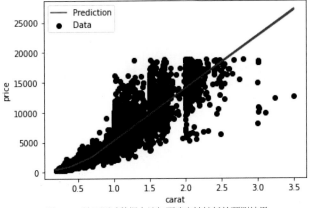

图7.13　钻石测试数据上认知不确定性较低的预测结果

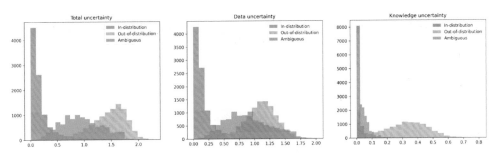

图7.16　MNIST 数据集中的不同不确定性类型

图8.4　通过应用不同严重程度的图像质量损坏生成人工数据集漂移

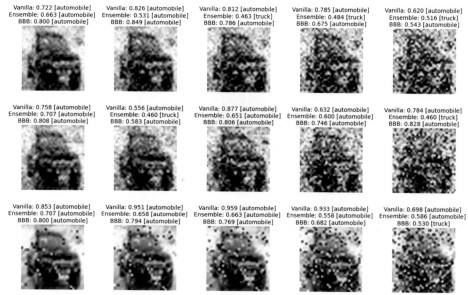

图 8.5　一张被损坏的汽车图像的不同损坏类型(行)和损坏程度(列，严重程度从左到右递增)

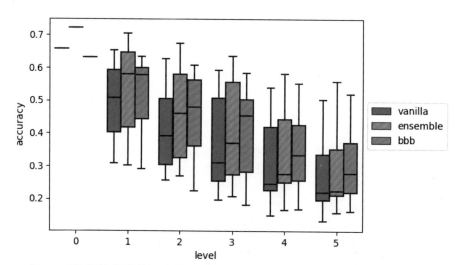

图 8.6　三种不同模型(不同色调)对原始测试图像(0 级)和损坏程度增加的图像(1-5 级)预测的准确率

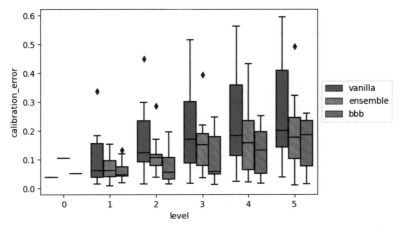

图 8.7　三种不同模型对原始测试图像(0 级)和损坏程度增加(1-5 级)的图像的预期校准误差

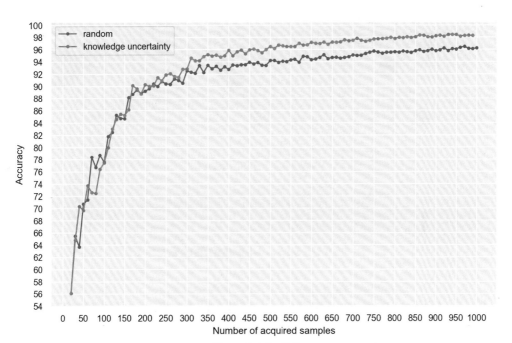

图 8.8　主动学习结果

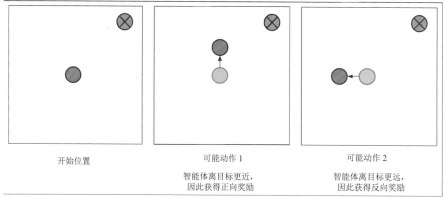

开始位置

可能动作 1

智能体离目标更近，
因此获得正向奖励

可能动作 2

智能体离目标更远，
因此获得反向奖励

图 8.10　马可波罗强化学习场景示意图

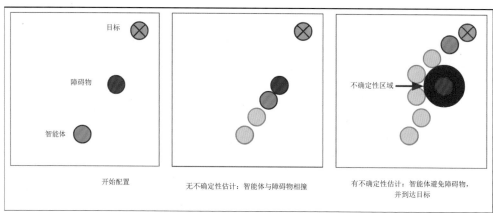

目标

障碍物

智能体

开始配置

无不确定性估计：智能体与障碍物相撞

不确定性区域

有不确定性估计：智能体避免障碍物，
并到达目标

图 8.12　不确定性如何影响强化学习智能体动作的说明

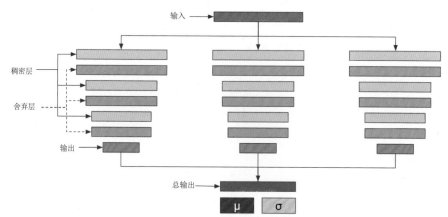

输入

稠密层

舍弃层

输出

总输出

μ　σ

图 9.4　结合 MC 舍弃和深度集成学习网络的图示

Python 贝叶斯深度学习

马特·贝纳坦(Matt Benatan)

[英] 约赫姆·吉特马(Jochem Gietema)　　著

玛丽安·施耐德(Marian Schneider)

郭　涛　　　　　　　　　译

清华大学出版社

北　京

北京市版权局著作权合同登记号　图字：01-2023-5218

图书在版编目（CIP）数据

Python贝叶斯深度学习 / (英) 马特·贝纳坦
(Matt Benatan), (英) 约赫姆·吉特马
(Jochem Gietema), (英) 玛丽安·施耐德
(Marian Schneider) 著；郭涛译. -- 北京：清华大学
出版社, 2024. 10. -- ISBN 978-7-302-67216-6

Ⅰ. TP181
中国国家版本馆CIP数据核字第20247M9Q28号

责任编辑：王　军
装帧设计：孔祥峰
责任校对：马遥遥
责任印制：曹婉颖

出版发行：清华大学出版社
　　　网　　址：https://www.tup.com.cn，https://www.wqxuetang.com
　　　地　　址：北京清华大学学研大厦 A 座　　　邮　　编：100084
　　　社 总 机：010-83470000　　　　　　　　邮　　购：010-62786544
　　　投稿与读者服务：010-62776969，c-service@tup.tsinghua.edu.cn
　　　质 量 反 馈：010-62772015，zhiliang@tup.tsinghua.edu.cn
印 装 者：大厂回族自治县彩虹印刷有限公司
经　　销：全国新华书店
开　　本：170mm×240mm　　印　　张：14.25　　插　页：4　　字　　数：356千字
版　　次：2024 年 10 月第 1 版　　印　　次：2024 年 10 月第 1 次印刷
定　　价：79.80 元

产品编号：104118-01

译 者 序

　　机器学习的大流派分别是符号主义、贝叶斯派、联结主义、行为主义、进化主义和行为类比主义。其中，贝叶斯派的主要核心思想是进行主观概率估计，其典型代表是贝叶斯推理，而联结主义则源于神经科学，最典型的代表是深度学习。本书主题是贝叶斯深度学习，顾名思义，它是贝叶斯推理和深度学习结合的产物。而支撑该主题的是这两者碰撞产生的新思想、新算法。经典的贝叶斯思想是统计推理——一种统计/概率范式。统计推理是贝叶斯推理框架中最重要的部分，也是概率机器学习的核心部分。这与频率主义思想完全不同，它并没有给出隐变量的确切值，而是保留模型具有的不确定性，最终得到隐变量的概率分布。

　　不言而喻，深度学习近十年得到了充分发展，取得了一系列成果。但对于深度学习这个强大的黑盒预测器而言，量化不确定性是一个具有挑战性且尚未解决的问题。贝叶斯神经网络能够学习权重分布，是目前对预测进行不确定性估计的最先进技术。而即使将深度学习与贝叶斯推理结合，形成贝叶斯深度学习新方法，依然存在训练过程难、计算成本高等问题。为了解决上述种种问题，深度集成方法应运而生。该方法借助集成学习理论基础而形成，可以快速对预测进行不确定性的估计。

　　实际上，贝叶斯神经网络思想早在20世纪90年代便由Neal、Mackay和Bishop等学者提出，但由于当时整个神经网络研究领域几乎停滞，并且训练神经网络的计算需求太大，因此贝叶斯深度学习仅仅停留在理论讨论起步阶段。而现代贝叶斯神经网络主要专注于对变分推理方法进行探索研究。

　　贝叶斯深度学习、深度集成学习、集成学习、贝叶斯推理等这些术语以及这些理论的推理过程，会让人望而生畏，畏葸不前。不过，本书并不是一本讨论贝叶斯深度学习理论的著作，而是将理论进行了简化，着重讲述其代码实现，以及贝叶斯深度学习工具集使用方面的实战技巧。本书内容共分三部分，第一部分(第1~3章)是基础概念和理论，主要介绍深度学习的发展历史和局限性，以及它与贝叶斯推理结合的时机、贝叶斯推理基础、深度学习基础；第二部分(第4~7章)主要介绍贝叶斯深度学习的基本思想、使用原则、标准工具集代码实现、实际考虑因素；第三部分(第8~9章)，讲述贝叶斯深度学习的应用和发展趋势。本书内容新颖、实战性强，填补了目前该领域的市场空白。此外，如果读者想进一步深入学习贝叶斯推理、集成学习等方面的主题，可参阅译者翻译的《概率图模型原理与应用(第2版)》《Python贝叶斯建模与计算》和《集成学习实战》等图书。

在翻译本书的过程中，我查阅了大量的经典著(译)作，也得到了很多人的帮助。成都文理学院外国语学院的何静老师、刘晓骏博士参与了本书的审校工作，感谢她们所做的工作。此外，我还要感谢清华大学出版社的编辑、校对和排版人员，感谢他们为了保证本书质量所做的一切努力。

由于本书涉及内容广泛、深刻，加上译者翻译水平有限，书中难免存有不足之处，恳请各位读者不吝指正。

译者

2024 年 4 月

译 者 简 介

  郭涛，主要从事人工智能、智能计算、概率与统计学、现代软件工程等前沿交叉研究。出版多部译作，包括《Python 贝叶斯建模与计算》《概率图模型原理与应用(第2版)》和《集成学习实战》。

作 者 简 介

Matt Benatan 博士是搜诺思(Sonos)的首席研究科学家，主要负责智能个性化系统的研究。他还获得了曼彻斯特大学的西蒙工业奖学金，并在那里合作开展了多个人工智能研究项目。Matt 在利兹大学获得了视听语音处理博士学位，之后进入工业界，在信号处理、材料发现和欺诈检测等多个领域开展机器学习研究。Matt 曾与他人合著了 Wiley 出版社出版的 *Deep learning for Physical Scientists* 一书，他目前的主要研究兴趣包括面向用户的人工智能、优化和不确定性估计。

Matt 不仅要对妻子 Rebecca 的关心、耐心和支持深表感激，也要对父母 Dan 和 Debby 的不懈热情、指导和鼓励深表感激。

Jochem Gietema 在阿姆斯特丹学习哲学和法律，毕业后转入机器学习领域。他目前在伦敦的 Onfido 公司担任应用科学家，在计算机视觉和异常检测领域开发并部署了多项专有的解决方案。Jochem 热衷于研究不确定性估计、交互式数据可视化以及用机器学习解决现实世界中的问题。

Marian Schneider 博士是机器学习和计算机视觉领域的应用科学家。他在马斯特里赫特大学获得了计算视觉神经科学博士学位。此后，他从学术界转入工业界，开发了一些机器学习解决方案并将其应用于多种产品，涵盖从大脑图像分割到不确定性估计，再到移动电话设备上更智能的图像获取等方面。

Marian 非常感谢他的伴侣 Undine，因为在本书的写作过程中 Undine 给予了他大力支持，尤其是在周末的宝贵时光里陪伴他，从而使本书的写作工作得以顺利进行。

关于审稿人

Neba Nfonsang 是一位数据科学家，也是丹佛大学数据科学与统计学专业的讲师，在丹佛大学获得了研究方法和统计学博士学位。Neba 在学术界和工业界都有丰富的工作经验，并教授过 12 门研究生课程，包括数据科学和统计学课程。他曾向全球多家公司传授高级分析技巧，并就设计生产就绪的统计和机器学习模型方面提供培训和最佳实践指导。

Avijit K 是一名出色的首席信息官(Chief Information Officer，CIO)，在数据科学和人工智能领域拥有超过 15 年的经验。他拥有一流大学的计算机科学博士学位，在机器学习、深度学习、计算机视觉、自然语言处理和相关技术领域完成了多个行业项目。Avi 目前在一家服务公司担任首席信息官，负责监管公司的技术运营，包括数据分析、基础设施和软件开发。

前　言

在过去的十年中，机器学习领域取得了长足的进步，并因此激发了公众的想象力。但我们必须记住，尽管这些算法令人印象深刻，但它们并非完美无缺。本书旨在通过平实的语言介绍如何在深度学习中利用贝叶斯推理，帮助读者掌握开发"知其所不知"模型的工具。这样，开发者就能开发出更鲁棒的深度学习系统，以便更好地满足现今基于机器学习的应用需求。

本书读者对象

本书面向从事机器学习算法开发和应用的研究人员、开发人员和工程师，以及希望开始使用不确定性感知深度学习模型的人员。

本书主要内容

第 1 章"深度学习时代的贝叶斯推理"介绍传统深度学习方法的用例和局限性。

第 2 章"贝叶斯推理基础"讨论贝叶斯建模和推理，同时探索了贝叶斯推理的黄金标准机器学习方法。

第 3 章"深度学习基础"介绍深度学习模型的主要构建模块。

第 4 章"贝叶斯深度学习介绍"结合第 2 章和第 3 章介绍的概念讨论贝叶斯深度学习。

第 5 章"贝叶斯深度学习原理方法"介绍贝叶斯神经网络近似的原理方法。

第 6 章"使用标准工具箱进行贝叶斯深度学习"介绍利用常见的深度学习方法推进模型不确定性估计。

第 7 章"贝叶斯深度学习的实际考虑因素"探讨和比较第 5 章和第 6 章介绍的方法的优缺点。

第 8 章"贝叶斯深度学习应用"概述贝叶斯深度学习的各种实际应用，如检测分布外数据或数据集漂移的鲁棒性。

第 9 章"贝叶斯深度学习的发展趋势"讨论贝叶斯深度学习的一些最新发展趋势。

如何充分利用本书

为了充分利用本书，你需要具备一定的机器学习和深度学习先验知识，并熟悉贝叶斯推理的相关概念。掌握一些使用 Python 和机器学习框架(如 TensorFlow 或 PyTorch)的实用知识也很有价值，但并非必要。

建议使用 Python 3.8 或更高版本，因为本书所有代码都已经通过 Python 3.8 的测试。第 1章将给出为本书中的示例代码设置环境的详细说明。

下载示例代码文件和彩色图片

本书的代码包也托管在 GitHub 上，网址是 https://github.com/PacktPublishing/Enhancing-Deep-Learning-with-Bayesian-Inference。如果代码有更新，将在现有的 GitHub 仓库中进行更新。读者也可以通过扫描封底的二维码下载本书的示例代码文件。

另外，我们还提供了一个 PDF 文件，其中包含本书所有截图/图表的彩色图片，通过扫描封底的二维码可下载该 PDF 文件。本书文前页中的"彩插"部分也列出了书中提到的部分彩色图片，供读者在阅读时方便查看。

目　　录

第**1**章

深度学习时代的贝叶斯推理

在过去的十五年里，**机器学习(Machine Learning，ML)**从一个相对鲜为人知的领域变成了科技界的热门词汇，这在很大程度上要归功于**神经网络(Neural Network，NN)**取得的令人印象深刻的成就。**深度学习(Deep Learning，DL)**曾经是该领域的一个小众方向，但它在几乎所有可以想象到的应用领域取得的成就使其普及程度迅速上升。我们不再沉溺于其所提供的功能，而是期待它全面开花。从在社交网络应用程序中应用过滤器，到出国度假时依赖谷歌翻译，不可否认的是，深度学习现在已真正融入技术领域。

但是，尽管深度学习取得了令人瞩目的成就，提供了各种各样的产品和功能，但它还没有跨过最后的障碍。随着复杂的神经网络越来越多地应用于任务关键型和安全关键型应用中，围绕其鲁棒性出现的问题也越来越多。许多深度学习算法的黑箱性质让精通安全的解决方案架构师望而生畏，以至于许多人宁愿选择低于标准性能的系统，也不愿冒使用不透明系统带来的潜在风险。

那么，如何才能克服深度学习带来的忧虑，确保创建出更鲁棒、更值得信赖的模型呢？**可解释人工智能(Explainable Artificial Intelligence，XAI)**能够提供一些答案，而**贝叶斯深度学习(Bayesian Deep Learning，BDL)**领域则是一个重要的基石。在本书中，你将通过学习实际案例发现贝叶斯深度学习背后的基本原理，从而加深对该领域的理解，并掌握构建自己的贝叶斯深度学习模型所需的知识和工具。

不过，在开始之前，我们先深入探讨一下贝叶斯深度学习的合理性，以及为什么典型的深度学习方法可能并不像我们所想的那样鲁棒。在本章中，首先，我们将了解深度学习的一些成功和失败案例，以及贝叶斯深度学习如何帮助我们避免标准深度模型可能带来的悲剧性后果。其次，我们将概述本书其余部分的核心主题。最后，我们将介绍在实际示例中使用的库和数据。

本章主要内容：

- 深度学习时代的奇迹
- 了解深度学习的局限性
- 核心主题
- 设置工作环境

1.1　技术要求

所有代码都可以在本书的 GitHub 仓库中找到，网址为 https://github.com/PacktPublishing/Enhancing-Deep-Learning-with-Bayesian-Inference；也可以通过扫描本书封底的二维码进行下载。

1.2　深度学习时代的奇迹

在过去的 10~15 年中，由于深度学习取得了巨大成功，我们看到机器学习领域发生了巨大变化。深度学习的普遍应用给人留下的最深刻印象之一，或许就是它已影响了医学影像、制造业一直到翻译和内容创建工具等各个领域。

虽然深度学习在近几年才取得巨大成功，但其许多核心原理早已确立。研究人员使用神经网络已有一段时间了，事实上，可以说第一个神经网络(即感知器)早在 1957 年就已由 Frank Rosenblatt 提出！当然，这个早期的感知器并不像我们今天构建的模型那么复杂，但它是这些模型的一个重要组成部分，如图 1.1 所示。

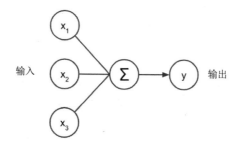

图 1.1　单个感知器示意图

20 世纪 80 年代，Kunihiko Fukushima 提出了**卷积神经网络(Convolutional Neural Network，CNN)**的概念，John Hopfield 于 1982 年开发了循环神经网络(Recurrent Neural Network，RNN)，许多如今耳熟能详的概念由此问世。20 世纪 80 年代和 90 年代，这些技术进一步成熟：1989 年，Yann LeCun 应用反向传播技术创建了一个能够识别手写数字的卷积神经网络，而 Hochreiter 和 Schmidhuber 则在 1997 年提出了长短期记忆循环神经网络的重要概念。

虽然我们在世纪之交以前就已经具备了构建当今强大模型的基础，但直到现代 GPU 的引入，这一领域才真正发展。有了 GPU 的加速训练和推理功能，我们才有可能开发出拥有数十(甚至数百)层的网络。这就为实现令人难以置信的复杂神经网络架构打开了大门，使其能够学习复杂、高维数据的紧凑特征表示。

AlexNet 是最早的极具影响力的网络架构之一，如图 1.2 所示。该网络由 Alex Krizhevsky、Ilya Sutskever 和 Geoffrey Hinton 开发，共有 11 层，能够将图像分为 1,000 个可能的类别。它在 2012 年举办的 ImageNet 大规模视觉识别挑战赛上取得了前所未有的优异成绩，展示了深度网络的强大威力。AlexNet 是第一个有影响力的神经网络架构，在随后的几年中，许多现在已经耳熟能详的架构相继问世，包括 VGG Net、Inception 架构、ResNet、EfficientNet、YOLO 等，这样的例子不胜枚举！

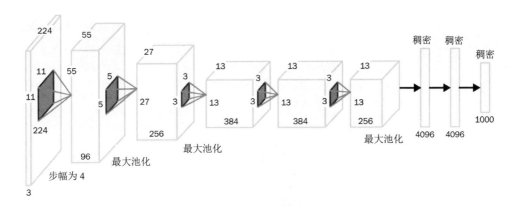

图 1.2 AlexNet 示意图

但是，神经网络不只是在计算机视觉应用中取得了成功。2014 年，Dzmitry Bahdanau、Kyunghyun Cho 和 Yoshua Bengio 的研究表明，端到端神经网络模型可以在机器翻译中获得最先进的结果。这是该领域的分水岭，大规模机器翻译服务迅速采用了这些端到端网络，从而推动了自然语言处理的进一步发展。时至今日，这些概念已经成熟，并产生了 **Transformer** 架构。这种架构通过自监督学习的能力学习丰富的特征嵌入，并对深度学习产生了巨大的影响。

由于各种架构赋予了神经网络令人印象深刻的灵活性，因此神经网络已在几乎所有可以想象到的领域的应用中实现了最先进的性能，它们现在已成为人们日常生活中熟悉的一部分。无论是我们在移动设备上使用的面部识别、谷歌翻译(Google Translate)等翻译服务，还是智能设备中所用的语音识别技术，这些网络显然不仅仅在图像分类挑战中具有竞争力，它们已经成为我们正在开发的技术的重要组成部分，甚至能够超越人类。

尽管有关深度学习模型超越人类专家的报道越来越频繁，但最著名的例子可能要数医学成像领域了。2020 年，伦敦帝国理工学院和谷歌健康公司的研究人员开发的一个网络，从乳房 X 光照片中检测乳腺癌方面的表现超过了六位放射科医生。几个月后，2021 年 2 月的一项研究表明，在诊断胆囊疾病方面，深度学习模型的表现优于两名人类专家。同年晚些时候发表的另一项研究表明，在从皮肤异常图像中检测黑色素瘤方面，卷积神经网络的表现优于 157 位皮肤科医生。

到目前为止，我们讨论的所有应用都是机器学习的监督应用，其中的模型都是针对分类或回归问题进行训练的。然而，深度学习最令人印象深刻的成就还体现在其他应用中，包括生成式模型和强化学习。后者最著名的例子之一可能就是 DeepMind 开发的强化学习模型 **AlphaGo**。顾名思义，该算法通过强化学习来训练下围棋。国际象棋等一些游戏可以通过使用相当简单的人工智能方法解决，而围棋则不同，从计算的角度来看，它的挑战性要大得多。这是由于围棋具有复杂性，许多可能的棋步组合对于更传统的方法来说是困难的。因此，当 AlphaGo 分别于 2015 年和 2016 年成功击败围棋冠军樊麾和李世石时，这可是个大新闻。

DeepMind 接着进一步完善了 AlphaGo，创建了一个通过与自己对弈来学习的版本，即 AlphaGo Zero。这个模型优于之前的任何模型，在围棋中取得了超越人类的表现。AlphaGo 成功的核心算法 AlphaZero 在一系列其他游戏中也取得了超越人类的表现,证明了该算法在其他应用中具有的泛化能力。

在过去十年中,深度学习的另一个重要里程碑是**生成对抗网络(Generative Adversarial Network,GAN)**的问世。GAN 采用了两个网络:第一个网络的目标是生成与训练集具有相同统计质量的数据;第二个网络的目标是利用从数据集中学到的知识,对第一个网络的输出进行分类。由于第一个网络并没有直接在数据上训练,因此它不是简单地复制数据,而是有效地学会了欺骗第二个网络。这就是使用"对抗"一词的原因。通过这一过程,第一个网络能够学习哪种输出能成功欺骗第二个网络,从而生成与数据分布相匹配的内容。

GAN 可以生成特别令人印象深刻的输出结果。例如,图 1.3 就是由 StyleGAN2 模型生成的。

图 1.3 由 StyleGAN2 生成的人脸,源自 thispersondoesnotexist.com

但是,GAN 的强大之处不仅体现在生成逼真的人脸方面,在许多其他领域也有实际意义,例如,为药物发现提供分子组合建议。另外,它们还是通过数据增强来改进其他机器学习方法(使用 GAN 生成的数据)从而增强数据集的强大工具。

所有这些成功案例可能会让深度学习看起来无懈可击。尽管深度学习的成就令人印象深刻,但这并不能说明全部问题。在下一节中,我们将了解深度学习存在的一些不足,并开始了解未来贝叶斯方法如何帮助避免这些不足。

1.3 了解深度学习的局限性

正如你所见,深度学习已经取得了一些了不起的成就,不可否认,它正在彻底改变我们处理数据和预测建模的方式。但是,深度学习短暂的历史中也经历过一些黑暗时刻,这些故事为开发更鲁棒、更安全的系统提供了重要的经验教训。

在本节中,我们将介绍几个深度学习失败的关键案例,并从贝叶斯视角讨论它如何有助于产生更好的结果。

1.3.1 深度学习系统中的偏见

我们将从一个教科书式的**偏见**示例开始讲解,这是数据驱动方法面临的一个关键问题。该示例围绕亚马逊展开。作为一家家喻户晓的电子商务公司,亚马逊的出现开始彻底改变了图书零售业,后来亚马逊成为几乎可以买到任何物品的一站式商店:从花园家具到新笔记本电脑,甚至家庭安全系统,只要你能想到的,都可能在亚马逊上买到。亚马逊在技术上也取得了长足进步,这通常是为了改善基础设施,从而实现业务扩张。从硬件基础设施到优化方法上的理论和技术飞跃,亚马逊从最初的电子商务公司发展成为技术领域的关键角色之一。

虽然这些技术飞跃往往为行业树立了标准,但这个案例却恰恰相反,它展示了数据驱动方法具有的一个关键弱点。我们所说的案例是亚马逊的人工智能招聘软件。自动化在亚马逊的成功中扮演着关键角色,因此将这种自动化扩展到审核简历上也是合情合理的。2014 年,亚马逊的机器学习工程师部署了一个工具来实现这一目标。该工具以过去 10 年的求职者为训练对象,旨在从公司庞大的求职者库中学习识别出有利的特质。然而,到了 2015 年,该工具在特征获取方面明显出现了一些弊端,导致产生了严重的不良行为。

该问题很大程度出现在基础数据上:由于当时科技行业的性质,亚马逊的简历数据集以男性求职者为主。这导致模型预测出现了极大不公平:它实际上学会了偏向男性,而对女性求职者有极大的偏见。该模型的歧视行为导致亚马逊放弃了该项目,现在它已成为人工智能界"偏见歧视"的一个重要范例。

在这里提出的问题中,需要考虑的一个重要因素是,这种偏见不仅仅是由**显性**信息驱动的,比如一个人的名字(这可能为性别提供线索):算法会学习潜在信息,然后驱动偏见。这意味着该问题不能简单地通过匿名化来解决——工程师和科学家们要确保对偏见进行全面评估,从而使我们部署的算法是公平的。虽然贝叶斯方法无法让偏见消失,但它为我们提供了一系列有助于解决这些问题的工具。正如你在本书后面看到的,贝叶斯方法能够确定数据是在分布内还是**在分布外(Out-of-Distribution,OOD)**。在亚马逊这个示例中,可以利用贝叶斯方法提供的这一功能:分离分布外数据并对其进行分析,以了解为什么该数据是分布外的。它识别了一些相关信息,例如具有不合适经验的申请人?或识别了一些不相关的歧视性信息,例如申请人的性别?这可以帮助亚马逊的人工智能团队及早发现不良行为,从而制定出不偏不倚的解决方案。

1.3.2 过高置信预测导致危险

另一个被广泛引用的深度学习失败案例,出现在 Kevin Eykholt 等人的论文 *Robust Physical-World Attacks on Deep Learning Visual Classification*(https://arxiv.org/abs/1707.08945)中。这篇论文在强调深度学习模型的**对抗性攻击(adversarial attack)**问题上发挥了重要作用,该论文认为,对输入数据稍加修改,模型就会产生错误的预测。在该论文的一个重要例子中,作者在一个停车标志上贴上了白色和黑色贴纸,如图 1.4 所示。虽然对标志的修改很细微,但计算机视觉模型却将修改后的标志解释为"限速 45"标志。

分类："停车"　　　　　　　分类："限速 45 MPH"

图1.4　简单对抗攻击对解释停车标志的模型的影响说明

　　起初，这似乎无关紧要，但如果我们退一步，考虑到特斯拉、优步和其他公司对自动驾驶汽车所做的大量工作，就不难理解这种对抗性扰动会产生怎样的灾难性后果。在该停车标志的案例中，这种错误分类可能会导致自动驾驶汽车绕过"停止"标志，冲向十字路口的车流。这显然对乘客或其他行人不利。事实上，2016 年曾发生过一起与这里所描述的情况相似的事件，当时一辆特斯拉 Model S 在佛罗里达州北部与一辆卡车相撞(https://www.reuters.com/article/us-tesla-crash-idUSKBN19A2XC)。根据特斯拉公司的说法，特斯拉的自动驾驶系统没有检测到卡车后挂的拖车，因为它无法从拖车身后明亮的天空背景中分辨出拖车。司机也没有注意到拖车，最终导致了致命的撞击。但是，如果自动驾驶汽车所使用的决策过程更加复杂，我们是否就可以信任它呢？本书的一个重要主题就是利用机器学习系统做出鲁棒的决策，尤其是在任务关键型或安全关键型应用中。

　　虽然这个交通标志的例子直观地说明了错误分类具有危险性，但它也适用于众多其他场景，例如，从用于制造的机器人设备到自动外科手术等场景。

　　对置信度(或不确定性)有一定的了解，是提高这些系统的鲁棒性并确保持续安全行为的重要一步。就停车标志而言，只要有一个"知其所不知"的模型，就能避免造成潜在的悲剧性后果。正如你将在本书后面看到的，贝叶斯深度学习方法使我们能够通过对其进行不确定性估计来检测对抗性输入。在我们的自动驾驶汽车示例中，可将其纳入逻辑中，这样，如果模型不确定，汽车就会安全地停下来，切换到手动模式，让驾驶员安全地掌握驾驶情况。这就是不确定性感知模型带来的智慧：能够设计出了解自身局限性的模型，从而在意外情况下更加鲁棒。

1.3.3　变化趋势

　　我们的最后一个例子将探讨处理随时间变化的数据时所面临的挑战——这是实际应用中的一个常见问题。我们要考虑的第一个问题通常被称为**数据集漂移(dataset shift)**或协变量漂移(covariate shift)，当模型在推理时遇到的数据相对于模型所训练的数据发生变化时，就会出现这种情况。这通常是由实际问题具有动态性，以及训练集(甚至非常大的训练集)很少能表征其所代表现象的全部变化所导致的。这方面的一个重要例子可以在论文 *Systematic Review of Approaches to Preserve Machine Learning Performance in the Presence of Temporal Dataset Shift in Clinical Medicine* 中找到，Lin Lawrence Guo 等人在该论文中强调了数据集漂移方面存在的问题

(https://www.ncbi.nlm.nih.gov/pmc/articles/PMC8410238/)。他们的研究表明，在临床环境下应用的机器学习模型中，解决数据集漂移相关问题的文献相对较少。由于临床数据是动态的，因此这个问题很难解决。接下来看一个例子。

在该例子中，有一个经过训练的模型，可以根据患者的症状自动为其开药。病人向医生讲述呼吸道症状，医生使用模型开药。根据其获得的数据，它开出了抗生素处方。这种方法对许多病人都有效。但随着时间的推移，情况发生了变化：一种新的疾病在人群中流行起来。这种新疾病的症状与之前流行的细菌感染非常相似，但它是由病毒引起的。由于模型无法适应数据集漂移，它会继续推荐使用抗生素，而这不仅对病人没有帮助，还可能导致这些病人对抗生素产生抗药性。

为了使真实世界数据的这些漂移变得更鲁棒，模型需要对数据集的漂移非常敏感。做到这一点的方法之一是使用贝叶斯方法，该方法可提供不确定性估计。如果将这一方法应用到我们的自动开处方例子中，当模型能够提供不确定性估计时，就会对数据中的微小变化变得敏感。例如，与新的病毒感染相关的症状可能存在细微差别，如不同类型的咳嗽。这将导致与模型预测相关的不确定性上升，表明模型需要根据新数据进行更新。

与此相关的一个问题被称为**灾难性遗忘(catastrophic forrgetting)**，它是由模型适应数据变化引起的。基于我们所给的例子，这听起来是件好事：如果模型能够适应数据的变化，那么它始终处于更新状态，对吗？但遗憾的是，事情并非如此简单。当模型学习新数据时，如果遗忘了过去的数据，就会发生灾难性遗忘。

例如，我们开发了一种机器学习算法来识别欺诈性文件。它一开始可能效果很好，但欺诈者很快就会发现，过去用来欺骗自动文件验证的方法不再有效，于是他们又开发了新的方法。虽然其中有一些方法可以成功，但模型(利用其不确定性估计)注意到，它需要适应新的数据。模型更新了数据集，重点关注当前流行的攻击方法，并进行了更多的训练迭代。它再一次成功地挫败了欺诈者，但令模型设计者大吃一惊的是，该模型已经开始允许一些较老、不太复杂的攻击通过，而过去这些攻击对模型来说很容易识别。

在对新数据进行训练时，模型的参数发生了变化。由于更新后的数据集中没有足够的旧数据支持，因此模型丢失了输入(文档)与其分类(是否欺诈)之间的旧关联信息。

虽然这个例子使用了不确定性估计来解决数据集漂移的问题，但它还可以进一步利用不确定性估计来确保数据集的平衡。这可以使用**不确定性采样(uncertainty sampling)**等方法来实现，即从不确定性区域进行采样，确保用于训练模型的数据集能够获取到当前和过去数据中的所有可用信息。

1.4　核心主题

本书旨在为读者提供开发自己的贝叶斯深度学习解决方案所需的工具和知识。虽然相信读者对统计学习和深度学习的概念有一定的了解，但本书中我们仍将对这些基本概念进行复习。

在第 2 章中，我们将复习贝叶斯推理的一些关键概念，包括概率和模型不确定性估计。在第 3 章中，我们将介绍深度学习的重要关键方面，包括通过反向传播进行学习，以及各种流行的神经网络。介绍了这些基础知识后，我们将在第 4 章开始探讨贝叶斯深度学习。在第 5 章和第 6 章中，我们将深入探讨贝叶斯深度学习；首先学习原理方法，然后了解更实用的贝叶斯神经网络近似方法。

在第 7 章中，我们将探讨贝叶斯深度学习的一些实际注意事项，以便帮助我们了解如何将这些方法应用于实际问题。到第 8 章，待你对贝叶斯深度学习的核心方法有了深刻理解之后，我们将通过一些实际例子来巩固这一知识点。最后，第 9 章将概述贝叶斯深度学习领域当前面临的挑战，让你了解该技术的发展方向。

在本书的大部分内容中，理论将与实践案例相结合，让你通过亲自实现这些方法来加深理解。为了学习这些编码示例，需要在 Python 环境中设置必要的先决条件。接下来将对此详细介绍。

1.5　设置工作环境

要完成本书的实践内容，你需要一个具备必要先决条件的 Python 3.9 环境。我们推荐使用 conda，它是专为科学计算应用而设计的 Python 软件包管理器。要安装 conda，只需登录 https://conda.io/projects/conda/en/latest/user-guide/install/index.html，然后按照操作系统的说明进行操作即可。

安装好 conda 后，就可以设置本书使用的 conda 环境了：

```
1 conda create -n bdl python=3.9
```

按回车键执行命令后，系统会询问你是否要继续安装所需的软件包；只需键入 "y"，然后按回车键。

现在，可以输入以下命令激活环境：

```
1 conda activate bdl
```

现在你会看到 shell 提示符包含 bdl，表明 conda 环境已激活。现在你可以安装本书所需的如下关键库了：

- **NumPy**：Numerical Python 或 NumPy 是 Python 数值编程的核心软件包。你可能已经非常熟悉了。
- **SciPy**：SciPy 或 Scientific Python，为科学计算应用提供了基础软件包。由 SciPy、matplotlib、NumPy 和其他库组成的完整科学计算栈通常被称为 SciPy 栈。
- **scikit-learn**：Python 核心机器学习库。它建立在 SciPy 栈基础上，为许多流行的机器学习方法提供了易用的实现。它还为数据加载和处理提供了大量辅助类和函数，我们将在全书中使用这些类和函数。
- **TensorFlow**：TensorFlow 与 PyTorch 和 JAX 一样，都是流行的 Python 深度学习框架之一。它提供了开发深度学习模型所需的工具，并将为本书中介绍的许多编程示例奠定基础。

● **TensorFlow Probability**：TensorFlow Probability 基于 TensorFlow 开发，提供了处理概率神经网络所需的工具。我们将在许多贝叶斯神经网络示例中使用它和 TensorFlow。

要安装本书所需的全部依赖项列表，并激活 conda 环境，请输入以下内容：

```
1 conda install -c conda-forge scipy sklearn matplotlib seaborn
2 tensorflow tensorflow-probability
```

下面总结一下本章所学到的知识。

1.6 小结

在本章中，我们重温了深度学习的成功之处，重新认识了它的巨大潜力，以及它在当今技术中无处不在的地位。我们还探讨了其不足之处的一些关键实例：深度学习的一些失败案例，这些案例揭示了其造成灾难性后果的可能性。虽然贝叶斯推理无法消除这些风险，但它可以构建更鲁棒的机器学习系统，其中既有深度学习的灵活性，也有贝叶斯推理的谨慎性。

在第 2 章中，我们将深入探讨贝叶斯推理和概率的一些核心概念，为进入贝叶斯深度学习做准备。

第**2**章

贝叶斯推理基础

在使用**深度神经网络(Deep Neural Network，DNN)**进行贝叶斯推理之前，我们应该花一些时间了解其基本原理。在本章中，我们将探讨贝叶斯建模的核心概念，并介绍用于贝叶斯推理的一些常用方法。到本章结束时，你应该能够很好地理解我们要使用概率建模的原因，以及要在原则性良好或条件良好的方法中寻找哪些属性。

本章主要内容：
- 重温贝叶斯建模知识
- 通过采样进行贝叶斯推理
- 探讨高斯过程

2.1 重温贝叶斯建模知识

贝叶斯建模关注的是在给定一些先验假设和观察结果的条件下，了解事件发生的概率。先验假设描述了我们对事件的初始信念或假设。例如，假设有两个六面骰子，我们想预测两个骰子的点数之和为 5 的概率。首先我们需要知道有多少种可能的结果，因为每个骰子有 6 个面，所以可能的结果数是 6×6=36。为了算出掷出骰子的点数总和为 5 的可能性，我们需要算出有多少种数值组合的总和是 5，如图 2.1 所示。

	1	2	3	4	5	6
1	2	3	4	5	6	7
2	3	4	5	6	7	8
3	4	5	6	7	8	9
4	5	6	7	8	9	10
5	6	7	8	9	10	11
6	7	8	9	10	11	12

图 2.1　掷两个六面骰子时数值之和为 5 的所有数值组合示意图

从图 2.1 可以看到,有 4 种数值组合的总和是 5,因此两个骰子点数总和为 5 的概率是 4/36,即 1/9。我们称这种初始信念为**先验(prior)**。现在,如果将观察到的信息结合起来,会发生什么情况呢?假设我们知道其中一个骰子的点数值是 3,这就将下一个可能的数值个数缩减到 6,因为我们只有剩下的一个骰子可以掷,而在骰子点数总和为 5 的情况下,就需要这个数值为 2。图 2.2 给出了掷出第一个骰子后与第一个值的和为 5 的下一个值。

	1	2	3	4	5	6
1	2	3	4	5	6	7
2	3	4	5	6	7	8
3	4	5	6	7	8	9
4	5	6	7	8	9	10
5	6	7	8	9	10	11
6	7	8	9	10	11	12

图 2.2 掷出第一个骰子后与第一个值的和为 5 的下一个值

因为假设骰子是均匀的,所以骰子点数总和为 5 的概率现在是 1/6。这个概率称为**后验概率(posterior)**,是利用我们观察的信息得到的。贝叶斯统计法的核心是贝叶斯法则,我们用它来确定给定先验知识的后验概率。贝叶斯法则的定义如下:

$$P(A|B) = \frac{P(B|A) \times P(A)}{P(B)} \tag{2.1}$$

我们可以将 $P(A|B)$ 定义为 $P(d_1+d_2=5|d_1=3)$,其中 d_1 和 d_2 分别代表骰子 1 和 2。可以用前面的例子来说明这一点。从**似然(likelihood)**值,即分子左边的项开始,我们可以看到:

$$P(B|A) = P(d_1 = 3|d_1 + d_2 = 5) = \frac{1}{4} \tag{2.2}$$

我们可以通过观察网格来验证这一点。移至分子的第二部分,即先验值,可以看到:

$$P(A) = P(d_1 + d_2 = 5) = \frac{4}{36} = \frac{1}{9} \tag{2.3}$$

在分母上,我们有一个**归一化常数(normalization constant)**(也称为**边际似然值(marginal likelihood))**,简单地说就是:

$$P(B) = P(d_1 = 3) = \frac{1}{6} \tag{2.4}$$

利用贝叶斯定理将其综合起来,可以得出结论:

$$P(d_1 + d_2 = 5|d_1 = 3) = \frac{\frac{1}{4} \times \frac{1}{9}}{\frac{1}{6}} = \frac{1}{6} \tag{2.5}$$

这里得到的是在知道一个骰子的点数值的情况下结果为 5 的概率。不过，在本书中，我们经常提到的是**不确定性(uncertainties)**，而不是概率——以及使用深度神经网络获取不确定性估计的学习方法。这些方法属于更广泛的**不确定性量化(uncertainty quantification)**范畴，旨在量化机器学习模型预测中存在的不确定性。也就是说，我们想要预测 $P(\hat{y}|\theta)$，其中 $\hat{y}$ 是来自模型的预测，θ 代表模型的参数。

从基本概率论得知，概率介于 0 和 1 之间。概率越接近 1，事情发生的可能性就越大，我们可以把不确定性看作从 1 中减去概率。在本例中，点数总和为 5 的概率是 $P(d_1+d_2=5|d_1=3)=1/6=0.166$。因此，不确定性就是 $1-1/6=5/6=0.833$，也就是说，结果不是 5 的概率大于 80%。在本书的学习过程中，我们将了解不确定性的不同来源，以及不确定性如何帮助读者开发更鲁棒的深度学习系统。

继续以骰子为例，以更好地理解模型的不确定性估计。许多常见的机器学习模型都以**最大似然估计(Maximum Likelihood Estimation)**或 MLE 为基础。也就是说，它们希望预测最有可能得到的值：在训练过程中调优参数，以便在给定输入 x 的情况下产生最有可能得到的结果 $\hat{y}$。举个简单的例子，假设我们想预测给定 d_1 值情况下产生的 d_1+d_2 值。可以简单地将其定义为以 d_1 为条件的 d_1+d_2 的**期望值(expectation)**：

$$\hat{y} = \mathbb{E}[d_1 + d_2|d_1] \tag{2.6}$$

即求出 d_1+d_2 可能值的平均值。

设 $d_1=3$，则 d_1+d_2 的可能值为 $\{4,5,6,7,8,9\}$(如图 2.2 所示)，从而得出平均值：

$$\mu = \frac{1}{6}\sum_{i=1}^{6} a_i = \frac{4+5+6+7+8+9}{6} = 6.5 \tag{2.7}$$

这是从简单线性模型中得到的值，例如，由以下公式定义的线性回归：

$$\hat{y} = \beta x + \xi \tag{2.8}$$

在这种情况下，我们的回归系数和偏差值为 $\beta=1$，$\xi=3.5$。如果将 d_1 的值改为 1，就会看到这个平均值变为了 4.5，即 $d_1+d_2|d_1=1$ 可能值的平均值，换句话说就是 $\{2,3,4,5,6,7\}$。从这个角度来看，模型预测非常重要：虽然这个例子非常简单，但其原理也适用于更复杂的模型和数据。通常在机器学习模型中看到的值是期望值，也就是所谓的平均值。大家可能都知道，平均值通常被称为**第一统计矩(first statistical moment)**，**第二统计矩(second statistical moment)**则是方差**(variance)**，方差使我们能够量化不确定性。

这个简单例子的方差定义如下：

$$\sigma^2 = \frac{\sum_{i=1}^{6}(a_i - \mu)^2}{n-1} \tag{2.9}$$

大家应该对这些统计矩很熟悉，也应该知道这里的方差表示为**标准差(standard deviation)**σ 的平方。在我们的示例中，假设 d_2 是一个理想状态下的均匀骰子，方差将始终保持不变：$\sigma^2=2.917$。也就是说，给定任何 d_1 值，就知道 d_2 都有同样的可能值，因此不确定性不会改变。但是，如果我们有一个非理想状态下的骰子 d_2，它有 50% 的概率落在 6 上，而有 10% 的概率落在其他数字上，会出现什么情况呢？这种不均匀的概率分布会改变平均值和方差。可以看看如

何将其表示为一组可能的值(换句话说,一个完美的骰子样本)——$d_1+d_2|d_1=1$ 的可能值集现在变成了 {2,3,4,5,6,7,7,7,7,7}。新模型现在的偏差为 ξ=4.5,从而实现了我们的预测:

$$\hat{y} = 1 \times 1 + 4.5 = 5.5 \tag{2.10}$$

可以看到,由于骰子 d_2 值的基本概率发生了变化,因此期望值也随之增加。然而,这里的重要区别在于方差值的变化:

$$\sigma^2 = \frac{\sum_{i=1}^{10}(a_i - \mu)^2}{n-1} = 3.25 \tag{2.11}$$

我们的方差增大了。从本质上讲,方差给出了每个可能值与平均值之间距离的平均值,因此这并不奇怪:与未加权骰子相比,加权骰子的结果更有可能偏离平均值,因此我们的方差也会增加。总之,从不确定性的角度来看:结果离平均值越远的可能性越大,不确定性就越大。

这对我们解释机器学习模型(以及更普遍的统计模型)预测结果的方式具有重要影响。如果我们的预测是对平均值的近似,而不确定性量化了结果偏离平均值的可能性,那么不确定性就会告诉我们**模型预测错误的可能性有多大**。因此,模型的不确定性可以决定何时应该相信预测,何时应该更加谨慎。

这里给出的例子非常简单,但应该有助于你了解我们希望通过模型不确定性量化来实现的目标。在学习贝叶斯推理的一些基准方法时,我们将继续探讨这些概念,学习如何把这些概念应用于更复杂的现实问题。我们将从贝叶斯推理最基本的方法——采样——开始介绍。

2.2 通过采样进行贝叶斯推理

在实际应用中,我们不可能确切知道某个结果是什么,同样,也不可能观察到所有可能的结果。在这种情况下,我们需要根据所掌握的证据做出最佳估计。证据由**样本**组成,即对可能结果的观察。广义上讲,机器学习的目的是学习能从数据子集中很好地泛化的模型。贝叶斯机器学习的目的是在做到这一点的同时,提供与模型预测相关的不确定性估计。在本节中,我们将了解如何使用采样来实现这一目标,同时将了解为什么采样可能不是最明智的方法。

2.2.1 近似分布

从根本来讲,采样就是关于近似分布的。假设我们想知道纽约人的身高分布,可以出去测量每个人的身高,但这需要测量 840 万人的身高!虽然这能给我们提供最准确的答案,但也是一种非常不切实际的方法。

相反,我们可以从总体中采样。一种基本的采样方法就是**蒙特卡洛采样(Monte Carlo sampling)**,即使用随机采样来提供数据,并从中近似分布。例如,给定一个纽约居民数据库,我们可以随机选择一个居民样本,并以此来近似所有居民的身高分布。对于随机采样和任何采样来说,近似值的准确率都取决于样本体的大小。我们希望得到的是一个**统计意义上的子样本**,这样才能对所得的近似值有置信。

为了更好地理解这一点,我们将从截断正态分布中生成 100,000 个数据点来模拟这个问题,以近似 10 万人的身高分布。假设从统计样本中随机抽取 10 个样本。图 2.3 显示了我们的分布(右侧)与真实分布(左侧)的对比。

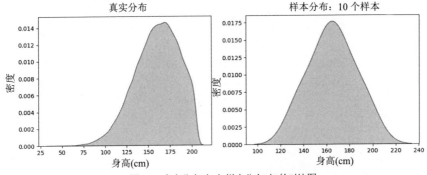

图 2.3　真实分布(左)与样本分布(右)的对比图

可以看到，这并不能很好地反映真实分布：这里看到的是更接近于三角形分布，而不是截断正态分布。如果仅根据这个分布来推理人群的身高，就会得出一些不准确的结论，比如缺少 200 厘米以上的截断点和分布左侧尾部的截断点。

我们可以通过增加样本量来获得更好的分布——尝试抽取 100 个样本。图 2.4 显示了样本量为 100 时真实分布与样本分布的对比。

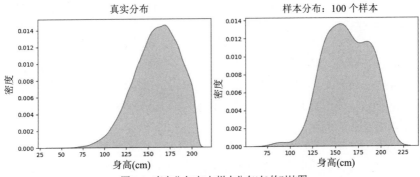

图 2.4　真实分布(左)与样本分布(右)的对比图

情况开始好转：我们可以看到左侧的一些尾部截断以及向 200 厘米的截断。然而，这个样本从某些区域采样的次数多于其他区域，从而导致了错误的表示：我们的平均值被拉低了，而且可以看到两个明显的峰值，而不是真实分布中的单个峰值。因此，我们把样本量再增加一个数量级，增加到 1,000 个样本。

这看起来好多了：虽然样本量只有真实统计人口的百分之一，但我们现在看到的分布与真实分布已非常接近。这个例子说明，通过随机采样，可以用一个小得多的观察集来近似真实分布。但是，这个样本池仍然必须包含足够多的信息，才能很好地近似真实分布；若样本量太少，我们的子集在统计意义上就会不够充分，那么，对基本分布的近似度就会很低。图 2.5 显示了样本量为 1,000 时真实分布与样本分布的对比。

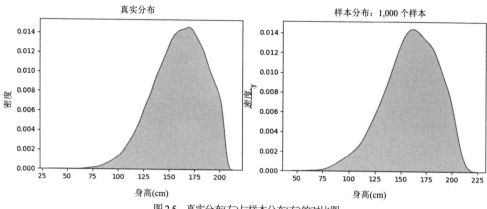

图 2.5　真实分布(左)与样本分布(右)的对比图

　　但简单的随机采样并不是近似分布的最实用方法。为此，我们转向使用**概率推理 (probabilistic inference)**。在给定模型的情况下，概率推理提供了一种找到最能描述数据的模型参数的方法。为此，首先需要定义模型类型为先验模型。在我们的例子中，将使用截断高斯分布：这里的想法是，根据我们的直觉，假设人们的身高呈正态分布是合理的，但是很少有人的身高超过 6 英尺 5 英寸(≈2 米)。因此，我们将指定一个截断的高斯分布，其上限为 205 厘米，即略高于 6 英尺 5 英寸。由于是高斯分布，即 $\mathcal{N}(\mu,\sigma)$，因此模型参数是 $\theta=\{\mu,\sigma\}$。另外，还有一个约束条件，即我们的分布上限为 $b=205$。

　　这就引出了一类基本算法：**马尔可夫链蒙特卡洛(Markov Chain Monte Carlo)(或称 MCMC 方法)**。与简单的随机采样一样，这些方法使我们能够建立真实的基本分布图，但它们是按序列建立的，即每个样本都依赖于之前的样本。这种序列依赖性被称为**马尔可夫特性 (Markov property)**，也被称为马尔可夫链。这种序列方法考虑了样本之间的概率相关性，使我们能够更好地近似概率密度。

　　MCMC 通过序列随机采样实现了这一点。就像我们熟悉的随机采样一样，MCMC 从分布中随机采样。但是，与简单的随机采样不同，MCMC 考虑的是成对的样本：之前的样本 x_{t-1} 和当前的样本 x_t。对于每一对样本，我们都有一些标准来确定是否保留样本(这取决于 MCMC 的具体类型)。如果新值符合这个标准，比如说 x_t "优于" 我们之前使用的值 x_{t-1}，那么样本就会被添加到链中，成为下一轮的 x_t。如果样本不符合标准，就在下一轮使用当前的 x_t。这样反复进行(通常是大量的)迭代，最终应该能得到一个很好的分布近似值。

　　这就是一种高效的采样方法，它能够近似于分布的真实参数。下面看看如何将其应用到我们的身高分布示例中。在 10 个样本中使用 MCMC，可以得到如图 2.6 所示的近似值。

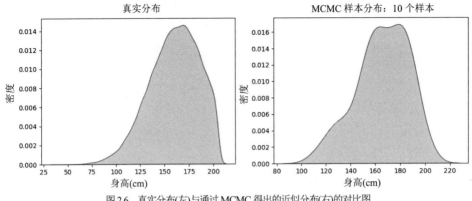

图 2.6 真实分布(左)与通过 MCMC 得出的近似分布(右)的对比图

10 个样本的结果还不错，当然比我们通过简单随机采样得出的三角形分布要好得多。下面看看 100 个样本的情况，得到的近似值如图 2.7 所示。

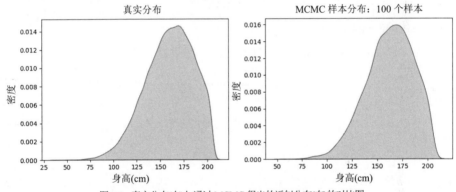

图 2.7 真实分布(左)与通过 MCMC 得出的近似分布(右)的对比图

这看起来相当不错——事实上，我们用 100 个 MCMC 样本得到的分布近似值比用 1,000 个简单随机样本得到的分布近似值还要准确。如果继续增加样本数量，就能得到越来越接近真实分布的近似值。但是，这个简单的例子并不能完全体现 MCMC 的优势：MCMC 的真正优势来自能够近似高维分布，并使其成为近似各种领域中难以解决的高维积分的宝贵技术。

在本书中，我们感兴趣的是如何估计机器学习模型参数的概率分布，这使我们能够估计与预测相关的不确定性。下一节通过将采样应用于贝叶斯线性回归，来了解如何切实做到这一点。

2.2.2 利用贝叶斯线性回归实现概率推理

在典型的线性回归中，我们希望使用线性函数 $f(x)$ 从输入 x 预测输出 $\hat{y}$，即 $\hat{y} = \beta x + \xi$。在贝叶斯线性回归中，我们采用概率方法，引入另一个参数 σ^2，这样回归公式就变成了：

$$\hat{y} = \mathcal{N}(x\beta + \xi, \sigma^2) \tag{2.12}$$

也就是说，$\hat{y}$ 遵循高斯分布。

这里，我们看到了熟悉的偏差项 ξ 和回归系数 β，并引入了方差参数 σ^2。为了拟合模型，需要定义这些参数的先验——就像我们在上一节的 MCMC 例子中所做的那样。将这些先验定义为：

$$\xi \approx \mathcal{N}(0, 1) \tag{2.13}$$

$$\beta \approx \mathcal{N}(0, 1) \tag{2.14}$$

$$\sigma^2 \approx |\mathcal{N}(0, 1)| \tag{2.15}$$

注意，式 2.15 表示高斯分布的半正态分布(即零平均值高斯分布的正半部分，因为标准差不能为负)。我们将模型参数称为 $\theta = \beta, \xi, \sigma^2$，我们将使用采样来找到在给定数据条件下最大化这些参数似然性的值，换句话说，就是求出在给定数据 D 条件下参数的条件概率：$P(\theta|D)$。

我们可以使用多种 MCMC 采样方法来找到模型参数。一种常见的方法是使用 **Metropolis-Hastings** 算法。Metropolis-Hastings 算法尤其适用于从难以处理的分布中采样。它通过使用与真实分布成正比但不完全相等的提议分布 $Q(\theta'|\theta)$ 来实现。举例来说，这意味着如果在真实分布中，某个值 x_1 可能是另一个值 x_2 的两倍，那么我们的提议分布也将是如此。因为我们感兴趣的是观测值的概率，所以不需要知道真实分布中的确切值是多少，而只需要知道，在比例层面上，我们的提议分布等同于真实分布。

以下是贝叶斯线性回归中 Metropolis-Hastings 算法的关键步骤。

首先，我们根据每个参数的先验，从参数空间中抽取任意点 θ 进行初始化。使用以第一组参数 θ 为中心的高斯分布，选择一个新点 θ'。然后，在每次迭代 $t \in T$ 时，执行以下操作：

(1) 计算验收标准，定义为：

$$\alpha = \frac{P(\theta'|D)}{P(\theta|D)} \tag{2.16}$$

(2) 从均匀分布中生成一个随机数 $\epsilon \in [0, 1]$。如果 $\epsilon \leqslant \alpha$，则接受新的候选参数——将其添加到链中，使 $\theta = \theta'$。如果 $\epsilon > \alpha$，则保留当前的 θ 并绘制新值。

这个验收标准意味着，如果新的参数集比上一组参数集的似然性更高，就会看到 $\alpha > 1$，在这种情况下，$\alpha > \epsilon$。这意味着，当根据更有可能给出数据的参数进行采样时，我们始终会接受这些参数。另一方面，如果 $\alpha < 1$，我们有可能会拒绝这些参数，但也有可能会接受它们——这就允许我们探索似然性较低的区域。

Metropolis-Hastings 的这些机制产生的样本可以用来计算后验分布的高质量近似值。实际上，Metropolis-Hastings(以及更普遍的 MCMC 方法)需要一个"磨合"阶段，即用于摆脱低密度区域的初始采样阶段，在进行任意初始化的情况下通常会有这样一个阶段。

我们将其应用于一个简单的问题：为函数 $y = x^2 + 5 + \eta$ 生成一些数据，其中 η 是一个噪声参数，其分布条件为 $\eta \approx \mathcal{N}(0, 5)$。使用 Metropolis-Hastings 拟合我们的贝叶斯线性回归器，就可以通过从函数中采样的点(用叉号表示)得到如图 2.8 所示的拟合结果。

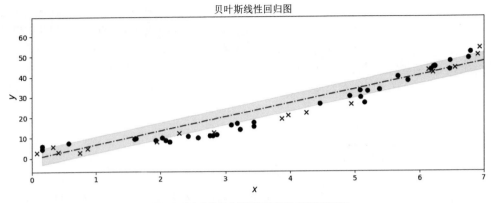

图 2.8 对生成的低方差数据进行贝叶斯线性回归

可以看到，我们的模型与标准线性回归的数据拟合方式相同。然而，与标准线性回归不同的是，我们的模型会产生预测不确定性：这由阴影区域表示。这种预测的不确定性可以了解基本数据的变化程度；使得这个模型比标准线性回归有用得多，因为现在我们可以了解数据的分布以及总体趋势。如果生成新数据并再次拟合，这次通过修改噪声分布使 $\eta \sim \mathcal{N}(0, 20)$ 来增加数据的分布范围，这样就可以看到数据的变化情况，如图 2.9 所示。

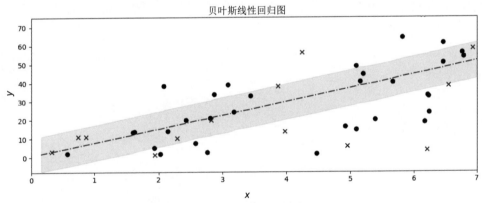

图 2.9 对生成的高方差数据进行贝叶斯线性回归

可以看到，预测的不确定性与数据的扩散成正比增加。这是不确定性感知方法的一个重要特性：当不确定性较小时，我们知道预测与数据拟合得很好；而当不确定性较大时，我们知道需谨慎看待预测，因为这表明模型与这一区域拟合得不是特别好。你将在下一节中看到一个更好的例子，它将继续说明数据较多或较少的区域如何影响模型的不确定性估计值。

这里可以看到我们的预测与数据拟合得很好。此外，还可以看到，σ^2 随不同区域的数据可用性而变化。这是一个有关**校准良好的不确定性**(也称为**高质量不确定性**)的很好例子。它是一个非常重要的概念，指的是在预测不准确的区域，其不确定性也很高。如果我们对预测不准确的置信度较高，或者对预测的准确性非常不确定，那么不确定性估计值的**校准就很差**。由于采样校准良好，因此采样通常被用作不确定性量化的基准。

遗憾的是，虽然采样在很多应用中都很有效，但由于每个参数都需要获取很多样本，这意味着对于高维度的参数来说，采样很快就会变得计算量过大而让人却步。例如，如果我们想对具有复杂、非线性关系的参数进行采样(如对神经网络的权重进行采样)，采样就不实用了。尽管如此，它在某些情况下仍然有用，稍后你将看到各种贝叶斯深度学习方法是如何利用采样的。

在下一节中，我们将探讨高斯过程，这是贝叶斯推理的另一种基本方法，它没有采样那样的计算开销。

2.3 探讨高斯过程

如上一节所述，采样很容易会因其计算成本过高而让人却步。为了解决这个问题，我们可以使用专为产生不确定性估计值而设计的机器学习模型(其中的黄金标准就是**高斯过程**)。

高斯过程(Gaussian Process，GP)已成为一种主要的概率机器学习模型，被广泛应用于从药理学到机器人学的各个领域。它的成功在很大程度上归功于它能够以一种良好的方式对其预测结果进行高质量的不确定性估计。那么，高斯过程具体是指什么呢？

从本质上讲，高斯过程是一种函数分布。为了便于理解，下面举一个典型的机器学习用例。我们想要学习某个函数 $f(x)$，它能将一系列输入 x 映射到一系列输出 y 上，这样我们就能通过 $\hat{y}=f(x)$ 来近似输出。在看到任何数据之前，我们对基本函数一无所知；有无数种潜在函数，如图 2.10 所示。

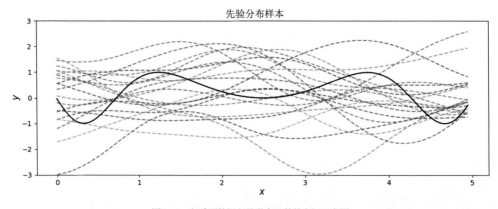

图 2.10　在看到数据之前潜在函数的空间示意图

这里，黑实线是我们希望学习的真实函数，而虚线则是在有数据(本例中没有数据)的情况下可能出现的函数。一旦我们观察到一些数据，就会发现潜在函数的数量变得更加有限，如图 2.11 所示。

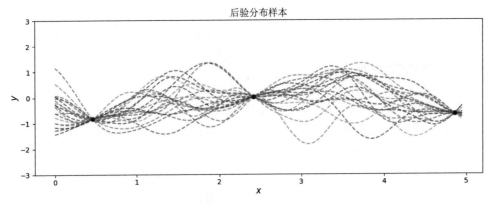

图 2.11 看到一些数据后的潜在函数空间示意图

在此可以看到，潜在函数都经过了我们观察到的数据点，但在这些数据点之外，函数却有一系列截然不同的取值范围。在简单的线性模型中，我们并不关心这些可能值的偏差：我们更乐于从一个数据点插值到另一个数据点，如图 2.12 所示。

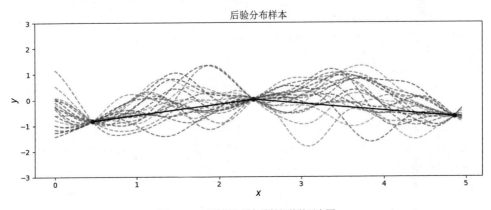

图 2.12 对观察数据进行线性插值的示意图

但是，这种内插法可能会导致预测非常不准确，而且无法计算与模型预测相关的不确定性程度。我们在没有数据点的区域所看到的偏差，正是我们想要用高斯过程来获取的。当我们的函数有多种可能取值时，就存在不确定性；而且通过获取不确定性的程度，就能估计出这些区域可能具有的变化。

从形式上看，高斯过程可以定义为一个函数：

$$f(x) \approx GP(m(x), k(x, x')) \tag{2.17}$$

这里，$m(x)$只是给定数据点 x 可能得到的函数值的平均值：

$$m(x) = \mathbb{E}[f(x)] \tag{2.18}$$

下一个项 $k(x, x')$是协方差函数或核函数。这是高斯过程的基本组成部分，因为它定义了我们对数据中不同点之间关系的建模方式。高斯过程使用平均值和协方差函数对可能的函数空间进行建模，从而得出预测结果及其相关的不确定性。

既然我们已经介绍了一些高层次的概念，那么下面再深入一点，了解高斯过程究竟是如何对可能的函数空间进行建模，从而估计不确定性的。为此，我们需要了解高斯过程先验。

2.3.1 用核定义先验信念

GP 核描述的是我们对数据的先验信念，因此你经常会看到它们被称为高斯过程先验。与式 2.3 中的先验告诉我们两个骰子掷出结果的概率一样，高斯过程先验也告诉我们有关从数据中预期的关系的一些重要信息。

虽然有从数据中推理先验的高级方法，但这不在本书的讨论范围之内。我们将重点讨论高斯过程的传统用法，即利用我们正在处理的数据来选择先验。

在你遇到的文献和任何实现中，你会发现高斯过程先验通常被称为**核(kernel)**或**协方差函数(covariance function)**(就像我们这里所说的一样)。这三个术语都可以互换，但为了与其他术语保持一致，我们今后将把它称为核。核仅仅是计算两个数据点之间距离的一种方法，用 $k(x, x')$ 表示，其中 x 和 x' 是数据点，$k(\ )$ 表示核函数。虽然核可以有多种形式，但在大部分高斯过程应用中只会用到少数基本核。

最常见的核可能是**平方指数(squared exponential)**或**径向基函数(Radial Basis Function，RBF)**核。这种核的形式如下：

$$k(x, x') = \sigma^2 \exp -\frac{(x - x')^2}{2l^2} \tag{2.19}$$

这里有几个常见的核参数：l 和 σ^2。输出方差参数 σ^2 只是一个缩放因子，用于控制函数与其平均值的距离。长度缩放参数 l 控制函数的平滑度，换句话说，就是函数在特定维度上的变化程度。该参数既可以是一个适用于所有输入维度的标量，也可以是一个为每个输入维度设置不同标量值的向量。后者通常是通过**自动相关性判断(Automatic Relevance Determination，ARD)**来实现的，它可以识别输入空间中的相关值。

高斯过程通过基于核的协方差矩阵进行预测，其本质是将新数据点与之前观察到的数据点进行比较。然而，与所有机器学习模型一样，高斯过程也需要经过训练，这就是长度缩放的作用所在。长度缩放构成了高斯过程的参数，通过训练，高斯过程可以学习长度缩放的最佳值，这通常是通过非线性优化器实现的，如 **Broyden-Fletcher-Goldfarb-Shanno(BFGS)**优化器。许多优化器都可供使用，包括你可能熟悉的深度学习优化器，如随机梯度下降及其变体。

下面来看看不同的核如何影响高斯过程预测。我们将从一个简单的例子开始讲解——一个简单的正弦波函数，如图 2.13 所示。

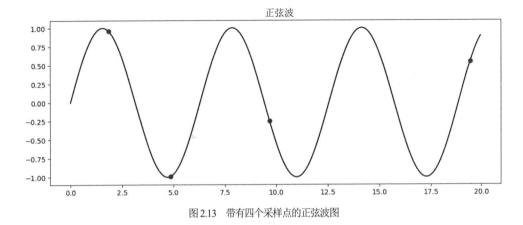

图 2.13　带有四个采样点的正弦波图

我们可以看到这里的函数图示，以及从该函数中采样的一些数据点。现在，对数据拟合一个具有周期核的高斯过程。周期核的定义如下：

$$k_{per}(x, x') = \sigma^2 \exp\left(\frac{2\sin^2(\pi|x - x'|/p)}{l^2}\right) \tag{2.20}$$

这里，我们看到了一个新参数 p，即周期函数的周期。设置 $p=1$，并在前面的例子中应用具有周期核的高斯过程，会得到如图 2.14 所示的结果。

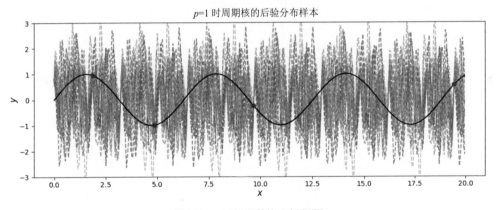

图 2.14　$p=1$ 时周期核的后验预测图

这些样本看起来有噪声，但你应该可以看到后验产生的函数具有明显的周期性。造成噪声的原因有两个：缺乏数据和不准确的先验。如果数据有限，我们可以尝试通过改进先验来解决问题。在这种情况下，可以利用函数周期性的知识，通过设置 $p=6$ 来改进我们的先验值，如图 2.15 所示。

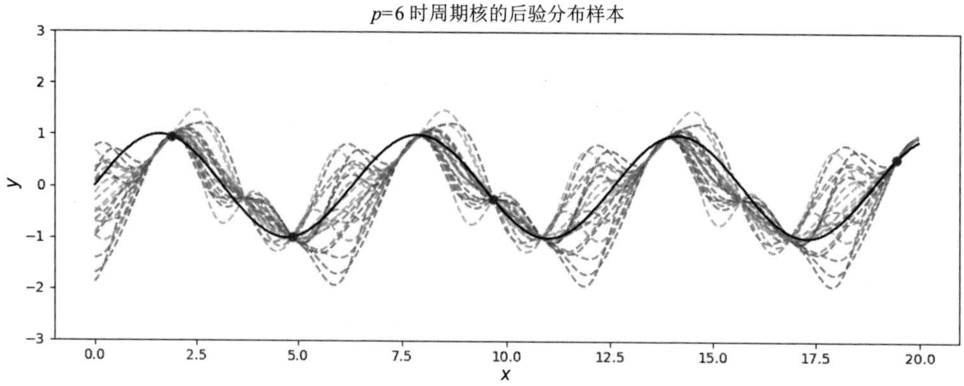

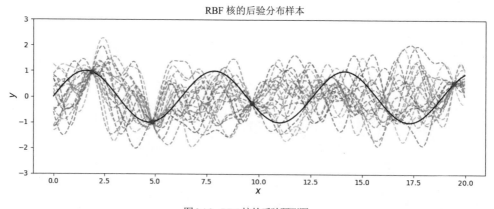

图 2.15 *p*=6 时周期核的后验预测图

可以看到，这与数据非常拟合：在数据较少的区域，仍然存在不确定性，但后验的周期性现在看起来是合理的。之所以能做到这一点，是因为我们使用了一个有信息量的先验；也就是说，这个先验包含了能全面描述数据的信息。这个先验由两个关键部分组成：

- 周期核
- 关于函数周期性的知识

如果我们将高斯过程修改为使用 RBF 核，就会发现这一点有多么重要，如图 2.16 所示。

图 2.16 RBF 核的后验预测图

使用 RBF 核后，我们发现情况又变得非常混乱：由于数据有限且先验较差，无法对可能的函数空间进行适当限制，以拟合真实函数。在理想情况下，我们可以使用更合适的先验来解决这个问题，如图 2.15 所示，但这并不总是可行的。另一种解决方案是对更多数据进行采样。我们继续使用 RBF 核，从函数中抽取 10 个数据点，然后重新训练高斯过程，如图 2.17 所示。

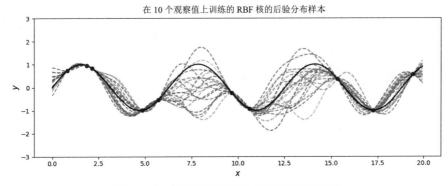

图 2.17　在 10 个观察值上训练的 RBF 核的后验预测图

结果看起来好多了——但如果我们有更多的数据和信息量更大的先验呢？图 2.18 显示了 $p=6$ 时，以 10 个观察值为基础进行训练的后验预测图。

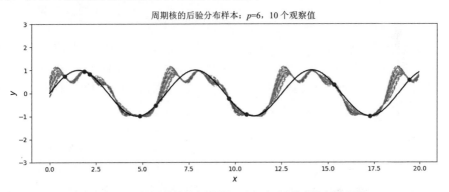

图 2.18　$p=6$ 时周期核的后验预测图，以 10 个观察值为基础进行训练

现在的后验非常拟合我们的真实函数。因为我们的数据有限，所以仍有一些不确定的区域，但不确定性相对较小。

现在我们已经看到了一些核心原则，回到图 2.10～图 2.12 中所示的例子。下面快速回顾一下目标函数、后验样本以及我们之前看到的线性插值，如图 2.19 所示。

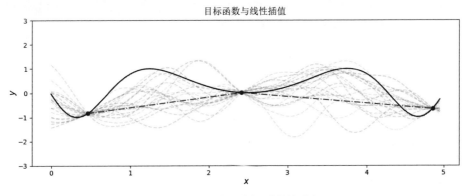

图 2.19　线性插值与真实函数的差异图

既然我们已经对高斯过程如何影响预测后验有了一定的了解，就不难发现线性插值与高斯过程的效果相差甚远。为了更清楚地说明这一点，我们来看看在给定三个样本的情况下，高斯过程对这个函数的预测结果，如图 2.20 所示。

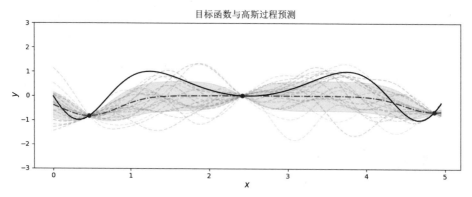

图 2.20　高斯过程预测与真实函数之间差异的示意图

这里，虚线是高斯过程预测的平均值(μ)，阴影部分是与这些预测相关的不确定性——平均值周围的标准差(σ)。将图 2.20 与图 2.19 进行对比。起初，两者之间的差别似乎很微妙，但我们可以清楚地看到，这不再是简单的线性插值：高斯过程的预测值被"拉"向我们的实际函数值。与前面的正弦波例子一样，高斯过程预测的行为受到两个关键因素的影响：先验(或核)和数据。

但图 2.20 中还显示了另一个关键细节：高斯过程预测的不确定性。我们看到，与许多典型的机器学习模型不同，高斯过程会给出与其预测相关的不确定性。这意味着我们可以更好地决定如何处理模型的预测结果，掌握这些信息将有助于确保我们的系统更加鲁棒。例如，如果不确定性太高，可以退回到手动系统。我们甚至可以跟踪那些预测不确定性较高的数据点，从而不断完善我们的模型。

就像前面的例子一样，可以通过增加一些观察数据来了解这种改进对预测的影响，如图 2.21所示。

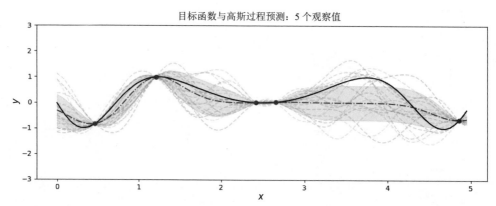

图 2.21　基于 5 个观察数据训练的高斯过程预测与真实函数之间的差异图

图 2.21 展示了不确定性在不同观察值区域的变化情况。可以看到，在 $x=3$ 和 $x=4$ 之间，不确定性相当高。这是可以理解的，因为我们也可以看到高斯过程的平均预测值与真实函数值有很大偏差。相反，如果观察 $x=0.5$ 和 $x=2$ 之间的区域，就会发现高斯过程预测相当接近真实函数，而且我们的模型对这些预测的置信度也更高，这一点可以从该区域较小的不确定性区间中看出。

我们在这里看到的是一个有关**校准良好的不确定性**(也称为**高质量不确定性**)的很好例子。它是一个非常重要的概念，指的是，在预测不准确的区域，其不确定性也很高。如果我们对预测不准确区域的置信度较高，或者对预测准确的区域非常不确定，那么不确定性估计值的**校准就很差**。

高斯过程是一种**理论性很强**的方法——这意味着它有坚实的数学基础，因此有很强的理论保证。这些保证之一就是它们经过了很好的校准，这也是高斯过程如此受欢迎的原因：如果使用高斯过程，就知道可以信赖它们的不确定性估计。

但遗憾的是，高斯过程并非没有局限性。我们将在下一节进一步了解这些局限性。

2.3.2　高斯过程的局限性

考虑到高斯过程原则性很强，并且能够产生高质量的不确定性估计，你可以认为它们是完美的不确定性感知机器学习模型。但在一些关键情况下，高斯过程却显得力不从心：

- 高维数据
- 海量数据
- 高度复杂的数据

前两点在很大程度上归因于高斯过程无法很好地得到扩展。要理解这一点，只需看看高斯过程的训练和推理过程。虽然本书对此无法详细介绍，但关键点在于掌握高斯过程训练所需的矩阵运算。

在训练过程中，需要对 $D{\times}D$ 矩阵求逆，其中 D 是数据的维度。正因为如此，高斯训练过程很快就会变得难以计算。通过使用 Cholesky 分解法(而不是直接对矩阵求逆)可以在一定程度上缓解这一问题。除了计算效率更高，Cholesky 分解在数值上也更加稳定。遗憾的是，Cholesky 分解也有其弱点：其计算复杂度为 $O(n^3)$。这意味着，随着数据集规模的增加，高斯过程的训练成本也会越来越高。

但受影响的不仅仅是训练：由于我们需要在推理时计算新数据点与所有观察数据点之间的协方差，因此高斯过程在推理时的计算复杂度为 $O(n^2)$。

除了计算成本，高斯过程所占用的内存也不小：因为我们需要存储协方差矩阵 K，所以高斯过程的内存复杂度为 $O(n^2)$。因此，在包含大型数据集的情况下，即使我们拥有训练高斯过程所需的计算资源，但由于高斯过程对内存有较高的要求，在实际应用中使用高斯过程可能并不现实。

最后一点与数据的复杂性有关。大家可能都知道，我们也将在第 3 章"深度学习基础"中谈到，深度神经网络的主要优势之一就是能够通过非线性转换层来处理复杂的高维数据。虽然高斯过程功能强大，但它们也是相对简单的模型，无法像深度神经网络那样学习各种强大的特征表征。

所有这些因素都意味着，虽然高斯过程是相对低维的数据和相当小的数据集的绝佳选择，但对于我们在机器学习中面临的许多复杂问题，它们并不实用。因此，我们转向了使用贝叶斯深度学习方法：这种方法具有深度学习的灵活性和可扩展性，同时还能产生模型的不确定性估计值。

2.4　小结

在本章中，我们介绍了与贝叶斯推理相关的一些基本概念和方法。首先，回顾了贝叶斯定理和概率论的基本原理，使我们能够理解不确定性的概念，以及如何将其应用于机器学习模型的预测。接下来，介绍了采样和一种重要的算法：马尔可夫链蒙特卡洛方法(简称 MCMC)。最后，介绍了高斯过程，并说明了校准良好的不确定性这一重要概念。这些关键主题将为后面的内容打下必要的基础，不过，我们鼓励大家研究推荐的阅读材料，以便更全面地理解本章介绍的主题。

在第 3 章中，我们将了解深度神经网络如何在过去十年中改变了机器学习的格局，探索深度学习带来的巨大优势，以及开发贝叶斯深度学习方法背后的动机。

2.5　延伸阅读

人们目前正在探索各种技术，以提高高斯过程的灵活性和可扩展性，例如，深度高斯过程或稀疏高斯过程。以下资源探讨了其中一些主题，并对本章涉及的内容进行了更深入的探讨：

- Martin 编写的 *Bayesian Analysis with Python*：本书全面涵盖了统计建模和概率编程的核心主题，包括各种采样方法的实际演练，以及与高斯过程和贝叶斯分析有关的其他各种核心技术的精彩概述。
- Rasmussen 和 Williams 编写的 *Gaussian Processes for Machine Learning*，这本书被认为是关于高斯过程的权威著作，对高斯过程的基础理论提供了非常详细的解释。对于任何认真研究贝叶斯推理的人来说，这都是一本重要文献。

第**3**章

深度学习基础

在本书中，当研究如何将贝叶斯方法和扩展应用于神经网络时，会看到不同的神经网络架构和应用。本章将介绍常见的架构类型，从而为后面介绍这些架构的贝叶斯扩展奠定基础。我们还将回顾这些常见神经网络架构具有的一些局限性，特别是它们容易产生过高置信的输出，以及容易受到输入对抗性操纵的敏感性影响。在本章结束时，你应该对深度神经网络的基础知识有了很好的理解，并知道如何在代码中实现最常见的神经网络架构。这将有助于你学习后面章节中的代码示例。

本章主要内容：
- 多层感知器
- 回顾神经网络架构
- 理解典型神经网络存在的问题

3.1 技术要求

要完成本章中的实践任务，你需要安装一个具有 pandas 和 scikit-learn 栈的 Python 3.8 环境，以及以下额外的 Python 软件包：
- TensorFlow 2.0
- Matplotlib 绘图库

所有代码都可以在本书的 GitHub 仓库中找到，网址为 https://github.com/PacktPublishing/Enhancing-Deep-Learning-with-Bayesian-Inference；也可以通过扫描本书封底的二维码进行下载。

3.2 多层感知器

深度神经网络是深度学习革命的核心。本节旨在介绍深度神经网络的基本概念和构建模块。首先，我们将回顾**多层感知器(Multi-Layer Perceptron，MLP)**的组成，并使用 TensorFlow

框架实现它。这将作为本书中其他代码示例的基础。如果你已经熟悉神经网络并知道如何在代码中实现它们，请跳至"理解典型神经网络存在的问题"一节，我们将在这一节中介绍深度神经网络的局限性。本章重点介绍架构构件和原理，不涉及学习规则和梯度。如果你需要了解有关这些主题的更多背景信息，推荐你阅读 Sebastian Raschka 编写的 *Python Machine Learning*(尤其是第 2 章)，该书已经由 Packt 出版社出版。

多层感知器是一种前馈、全连接的神经网络。前馈是指多层感知器中的信息仅单向传递，即从输入层传递到输出层；没有后向连接。全连接是指每个神经元都与上一层的所有神经元相连。为了更好地理解这些概念，下面来看看图 3.1，它给出了多层感知器的图解概述。在这个例子中，多层感知器有一个包含三个神经元的**输入层**(红色显示)、两个分别包含四个神经元的**隐藏层**(蓝色显示)和一个包含单个输出节点的**输出层**(绿色显示)。例如，设想我们要建立一个预测伦敦房价的模型。在这个例子中，三个输入神经元将代表我们模型具有的三个输入特征值，如与市中心的距离、建筑面积和房屋建造年份。如图中黑色连接所示，这些输入值将传递给第一个隐藏层的每个神经元，并由每个神经元聚合。然后，这些神经元的值又会被传递给第二个隐藏层的神经元并由其聚合，最后传递给输出神经元，输出神经元将代表模型所预测的房价。

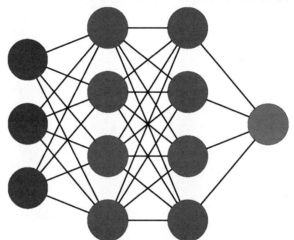

图 3.1 多层感知器示意图

聚合值的神经元究竟意味着什么？为了更好地理解这一点，我们把注意力集中在单个神经元上，以及神经元对传递给它的数值所执行的操作上。在图 3.2 中，我们将图 3.1 所示的网络(左侧面板)放大到第一个隐藏层的第一个神经元以及向其传递数值的神经元(中间面板)。在图的右侧面板中，我们将神经元重新排列，并将输入神经元命名为 x_1、x_2 和 x_3。此外，我们还将与这些神经元相关的权重分别命名为 w_1、w_2 和 w_3，从而明确了神经元之间的连接。从图中右侧面板可以看到，人工神经元执行两个基本操作：

(1) 首先，对输入进行加权平均(用 Σ 表示)。

(2) 其次，它提取步骤(1)的输出并对其进行非线性处理(用 σ 表示)。注意，这并不表示标准差，在本书的大部分内容中，我们都会使用 σ 来表示标准差，例如一个 sigmoid 函数。

第一个运算可以更正式地表示为 $z = \sum_{n=1}^{3} x_n w_n$。第二个运算可以表示为 $a = \sigma(z) =$

$\dfrac{1}{1+e^{-z}}$。随后，神经元 $a=\sigma(z)$的激活值会被传递给第二个隐藏层的神经元，并在第二个隐藏层重复相同的操作。

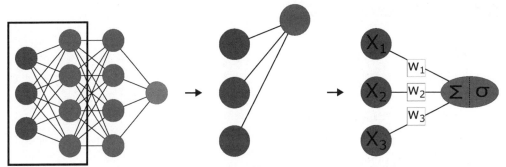

图 3.2　神经网络中人工神经元执行的聚合和转换

回顾了 MLP 模型的各个部分后，接下来在 TensorFlow 中实现一个 MLP 模型。首先，我们需要导入所有必要的函数。这些函数包括：用于构建 MLP 等前馈模型的 Sequential 函数、用于构建输入层的 Input 函数和用于构建全连接层的 Dense 函数：

```
1 from tensorflow.keras.models import Sequential, Input, Dense
```

有了这些工具，只需按照正确的顺序和神经元数量将 Input 层和 Dense 层串联起来，就能轻松实现 MLP：

```
1 multi_layer_perceptron = Sequential(
2     [
3         # input layer with 3 neurons
4         Input(shape=(3,))
5         # first hidden layer with 4 neurons
6         Dense(4, activation="sigmoid"),
7         # second hidden layer with 4 neurons
8         Dense(4, activation="sigmoid"),
9         # output layer
10        Dense(1, activation="sigmoid"),
11    ]
12 )
```

使用 Dense 层对象时，TensorFlow 会自动处理加权平均聚合。此外，只需将所需函数的名称传递给 Dense 层的 activation 参数(如上例中的 sigmoid)，就能轻松实现激活函数。

在介绍 MLP 以外的其他神经网络架构之前，我们先来谈谈"深度"一词。如果一个神经网络有一个以上的隐藏层，那么它就被认为是深度神经网络。例如，前面展示的 MLP 有两个隐藏层，可以将其视为深度神经网络。可以添加越来越多的隐藏层，创建深度的神经网络架构。训练这种深度架构会面临一系列挑战，训练这种深度架构的科学(或艺术)被称为**深度学习(Deep Learning，DL)**。

在下一节中，我们将了解一些常见的深度神经网络架构，在随后的章节中，我们将探讨这些架构带来的实际挑战。

3.3 回顾神经网络架构

在上一节中，我们了解了如何以 MLP 的形式实现全连接网络。虽然这种网络在深度学习的早期非常流行，但随着时间的推移，机器学习研究人员已经开发出了更复杂的架构，这些架构因包含特定领域的知识(如计算机视觉或**自然语言处理(Natural Language Processing，NLP)**)而更加有用。在本节中，我们将回顾其中一些最常见的神经网络架构，包括**卷积神经网络(Convolutional Neural Network，CNN)**和**循环神经网络(Recurrent Neural Network，RNN)**，以及注意力机制和 Transformer。

3.3.1 探索卷积神经网络

下面回顾试图用 MLP 模型预测伦敦房价的示例，我们使用的输入特征(到市中心的距离、建筑面积和房屋建造年份)仍然是"手工设计"的，也就是说，在预测房价时，是人在研究问题，并决定哪些输入特征可能与模型相关。如果我们试图构建一个模型，将图像作为输入，并试图预测图像中显示的是哪个目标，那么这些输入特征会是什么样的呢？深度学习的一个关键特征是，我们认识到神经网络可以直接从原始数据中学习和提取对任务最有用的特征。在视觉目标分类中，这些特征是直接从图像的像素中学习的。

如果我们想从图像中提取与目标分类任务最相关的输入特征，那么神经网络架构应该是什么样的呢？在试图回答这个问题时，早期的机器学习研究人员研究了哺乳动物的大脑。目标分类是我们的视觉系统可以相对轻松完成的一项任务。启发卷积神经网络开发的一个观察结果是，哺乳动物负责目标识别的视觉皮层实现了一个特征提取器的层次结构，这些特征提取器与越来越大的感受野协同工作。**感受野(receptive field)**是生物神经元响应图像的区域。视觉皮层早期各层的神经元只对图像中相对较小的区域做出反应，而更高层次的神经元则对覆盖输入图像大部分(甚至全部)的区域做出反应。

受大脑皮层层次结构的启发，卷积神经网络实现了特征提取器的层次结构，层次结构中较高的人工神经元具有较大的感受野。为了理解其工作原理，来看看卷积神经网络是如何根据输入图像构建特征的。图 3.3 显示了卷积神经网络中的早期卷积层对输入图像(如左图所示)进行操作，将特征提取到特征图中(如右图所示)。可以将特征图想象成一个有 n 行和 m 列的矩阵，特征图中的每个特征都是一个标量值。该示例强调了卷积层对图像的不同局部区域进行操作时对应的两种情况。在第一个实例中，特征图中的特征接收来自小猫面部的输入。在第二个实例中，特征接收来自小猫右爪的输入。最终的特征图是对输入图像的所有区域重复同样操作的结果，从左到右、从上到下滑动核，用于填充特征图中的所有值，最终得到特征图。

输入图像　　➡　　特征图

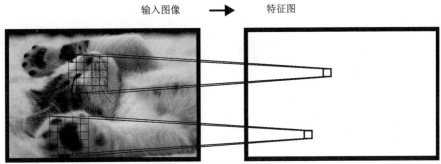

图 3.3　根据输入图像构建特征图

这样的单一操作在数值上是怎样实现的呢？具体实现过程如图 3.4 所示。

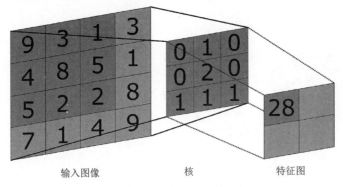

输入图像　　　　　　核　　　　　　特征图

图 3.4　卷积层执行的数值运算

这里，我们放大了输入图像的一部分，并明确显示了其像素值(左侧)。可以想象，核(如中间所示)在输入图像上一步一步地滑动。在图中所示的步骤中，核在输入图像的左上角(红色突出显示)运行。给定输入图像中的值和核值后，特征图中的最终值(示例中为 **28**)通过加权平均得到：输入图像中的每个值通过核中的相应值进行加权，从而得出：

$9 \times 0 + 3 \times 1 + 1 \times 0 + 4 \times 0 + 8 \times 2 + 5 \times 0 + 5 \times 1 + 2 \times 1 + 2 \times 1 = 28$

更正式一点，用 x 表示输入图像，用 w 表示核。

卷积神经网络中的卷积可以表示为 $z = \sum_{i=1}^{n} \sum_{j=1}^{m} x_{i,j} w_{i,j}$。这之后通常会出现一个非线性关系，即 $a = \sigma(z)$，就像 MLP 一样。σ 可以是之前介绍过的 sigmoid 函数，但卷积神经网络更常用的是**修正线性单元(Rectified Linear Unit，ReLU)**，其定义为 ReLU(z)=max$(0, z)$。

在现代卷积神经网络中，许多卷积层都会堆叠在一起，这样形成的一个卷积层输出的特征图将作为下一个卷积层的输入(图像)，以此类推。这样按顺序排列卷积层，可以让卷积神经网络构建越来越多的抽象特征表征。Matthew Zeiler 等人(见延伸阅读)在研究层级结构不同位置的特征图时发现，早期卷积层的特征图通常显示边缘和简单纹理，而后期卷积层的特征图则显示更复杂的模式和部分目标。与视觉皮层的层次结构类似，后期卷积层中的神经元往往具有更大的感受野，因为它们积累了来自多个早期神经元的输入，而早期神经元又从图像的不同局部区域接收输入。

层层堆叠的卷积层数量将决定卷积神经网络的深度：层数越多，网络越深。卷积神经网络的另一个重要维度是宽度，它由每层卷积核的数量决定。可以想象，我们可以在给定的卷积层上应用多个核，这样就会产生额外的特征图——每增加一个核就会产生一个特征图。在这种情况下，后续卷积层的核需要是三维的，以便处理输入中的大量特征图，其中核的三维将由输入特征图的数量决定。

除了卷积层，卷积神经网络的另一个常见构件是**池化层(Pooling layer)**，尤其是**平均池化层(mean-pooling)**和**最大池化层(max-pooling)**。这些层的功能是对输入进行子采样，从而减少图像的输入大小，进而减少网络所需的参数数量(从而减少计算负荷和内存占用)。

池化层如何运行？在图 3.5 中，我们看到了平均池化层(左)和最大池化层(右)的运行情况。可以看到，与卷积层一样，它们也是在输入的局部区域进行操作。它们执行的操作非常简单——要么取其感受野中像素值的平均值，要么取其最大值。

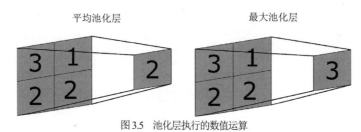

平均池化层　　　　　　　　　　　　最大池化层

图 3.5　池化层执行的数值运算

除了计算负荷和内存方面的考虑，池化层的另一个优势是可以使网络对输入的微小变化更加鲁棒。例如，假设示例中的一个输入像素值变为 0，这将对输出产生很小的影响(平均池化层)或完全不影响(最大池化层)。

回顾了基本操作之后，下面在 TensorFlow 中实现一个卷积神经网络。导入所有必要的函数，包括我们已经熟悉的用于构建前馈模型的 Sequential 函数及 Dense 层。此外，还导入了用于卷积的 Conv2D 和用于最大池化的 MaxPooling2D。有了这些工具，我们就可以按照正确的顺序将这些层函数串联起来，从而实现一个卷积神经网络：

```
1  from tensorflow.keras import Sequential
2  from tensorflow.keras.layers import Flatten, Conv2D, MaxPooling2D, Dense
3
4
5  convolutional_neural_network = Sequential([
6      Conv2D(32, (3,3), activation="relu", input_shape=(28, 28, 1)),
7      MaxPooling2D((2,2)),
8      Conv2D(64, (3,3), activation="relu"),
9      MaxPooling2D((2,2)), Flatten(),
10     Dense(64, activation="relu"),
11     Dense(10)
12 ])
```

我们通过将一个具有 32 个核的卷积层连接起来，进行最大池化操作，接着连接一个具有 64 个核的卷积层，然后再进行一次最大池化操作，从而构建一个卷积神经网络。最后，我们添加两个 Dense 层。最后一个 Dense 层的作用是将输出神经元的数量与分类问题中的类别数量相匹配。在前面的例子中，这个数字是 10。现在，我们的网络已经可以进行训练了。

卷积神经网络已成为解决各种问题的关键，是设计用于解决从自动驾驶汽车到医学成像等一系列问题的系统的关键组成部分。它们还为**图卷积网络(Graph Convolutional Network，GCN)**等其他重要的神经网络架构奠定了基础。但是，深度学习领域并不能仅靠卷积神经网络就称霸机器学习领域。在下一节中，我们将了解另一种重要架构：循环神经网络，这是一种处理序列数据的宝贵方法。

3.3.2　探索循环神经网络

到目前为止，我们所看到的神经网络都是所谓的前馈网络：每一层网络都会向下一层网络提供信息，没有循环。此外，我们看到的卷积神经网络接收单一输入(图像)，并输出单一输出：一个标签或该标签的得分。但在很多情况下，我们要处理的任务比单一输入、单一输出的任务更为复杂。在本节中，我们将重点讨论一系列称为**循环神经网络(Recurrent Neural Network，RNN)**的模型，它们主要处理输入序列，其中一些还能产生输出序列。

循环神经网络任务的一个典型例子是机器翻译。例如，将英语句子"the apple is green"翻译成法语。要完成这样的任务，网络需要考虑我们输入的信息之间的关系。另一项任务可能是视频分类，我们需要查看视频的不同帧来对视频内容进行分类。循环神经网络一个时间步处理一个输入，每个时间步可以表示为 t。在每一个时间步中，模型计算隐藏状态 h_t 和输出 y_t。但要计算 h_t，模型不仅要接收输入 x_t，还要接收前一个时间步的隐藏状态 h_{t-1}。因此，对于单个时间步，处理简单"单输入、单输出"任务的循环神经网络的计算过程如下：

$$h_t = f(W_x x_t + W_h h_{t-1} + b) \tag{3.1}$$

其中
- W_x 是 RNN 对输入 x_t 的权重
- W_h 是前一个时间步的隐藏层状态 h_{t-1} 的输出权重
- b 是偏置项
- f 是激活函数——在原始 RNN 中是 tanh 激活函数

这样，在每一个时间步中，模型都会因为额外的输入 h_{t-1} 而知道前一个时间步发生了什么。我们可以将循环神经网络的流程可视化，如图 3.6 所示。

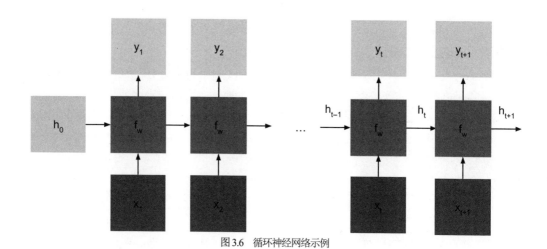

图3.6　循环神经网络示例

可以看到，在时间步为零时，我们也需要一个初始隐藏状态。这通常只是一个零向量。

原始 RNN 的一个重要变体是**序列到序列(sequence-to-sequence，seq2seq)**神经网络，它是机器翻译中的一种流行模式。顾名思义，这种网络的原理是将一个序列作为输入，然后输出另一个序列。重要的是，两个序列的长度不必相同。这使得该架构能以更灵活的方式翻译句子，这一点至关重要，因为不同的语言在具有相同含义的句子中使用的单词数量并不相同。这种灵活性是通过编码器-解码器架构实现的。这意味着我们的神经网络将由两部分组成：初始部分对输入进行编码，直到形成单权重(多个输入编码为一个隐藏向量)矩阵，然后将其用作网络解码器的输入，以产生多个输出(一个输入对应多个输出)。编码器和解码器拥有独立的权重矩阵。对于一个有两个输入和两个输出的模型，可将其可视化如图 3.7 所示。

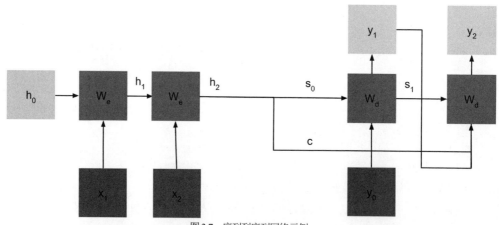

图3.7　序列到序列网络示例

图中 w_e 是编码器的权重，w_d 是解码器的权重。可以看到，与我们的循环神经网络相比，解码器现在有了一个新的隐藏状态 s_0，我们还可以观察到 c，这是一个上下文向量。在标准的序列到序列模型中，c 等于编码器末尾的隐藏状态，而编码器的初始隐藏状态 s_0 通常是通过一个或多个前馈层计算得出的。上下文向量是解码器各部分的附加输入，它允许解码器各部分使用编码器的信息。

3.3.3 注意力机制

虽然循环神经网络模型功能强大，但它也有一个重要的缺点：编码器能提供给解码器的所有信息都必须存在于隐藏的瓶颈层中——即解码器一开始接收到的隐藏输入状态。这对于短句来说没有问题，但你可以想象，当我们要翻译整个段落或很长的句子时，这就变得更加困难了。我们无法指望单个向量包含翻译长句所需的所有信息。这种弊端可以通过一种叫作"注意力"的机制来解决。稍后，我们将概括注意力的概念，但先看看如何在 seq2seq 上下文模型中应用注意力。

注意力使得 seq2seq 模型的解码器可以根据一定的注意力权重"关注"编码器的隐藏状态。这意味着解码器可以回到编码器的每个隐藏状态，决定要使用多少信息，而不必依赖瓶颈层来翻译输入。可以通过解码器的每个时间步对应的一个上下文向量来实现这一功能，该向量现在可以作为一个概率向量，决定给编码器的每个隐藏状态赋予多少权重。在这种情况下，我们可以将注意力视为解码器每个时间步的以下序列：

- $e_{t,i} = f(s_{t-1}, h_i)$ 计算编码器每个隐藏状态的对齐分数。这种计算可以是针对编码器每个隐藏状态的 MLP，将解码器的当前隐藏状态 s_{t-1} 和编码器的隐藏状态 h_i 作为输入。
- $e_{t,i}$ 给出了对齐分数；它们告诉我们编码器中每个隐藏状态与解码器中单个隐藏状态之间的关系。但 f 的输出是一个标量，因此无法比较不同的对齐分数。这就是为什么我们要在所有对齐分数上取 softmax 值，从而得到一个概率向量；注意力权重：$a_{t,i} = \text{softmax}(e_{t,i})$。现在，这些权重的值介于 0 和 1 之间，它们告诉我们，对于解码器中的单个隐藏状态，解码器的每个隐藏状态应获得多少权重。
- 有了注意力权重，我们就可以对编码器的隐藏状态进行加权平均。这样就得到了上下文向量 c_1，可用于解码器的第一个时间步。

由于这种机制可以为解码器的每个时间步计算注意力权重，因此模型现在变得更加灵活：在每个时间步，它都知道该给编码器的每个状态赋予多少权重。此外，由于我们在这里使用的是 MLP 来计算注意力权重，因此这种机制可以进行端到端的训练。

这就是在序列到序列模型中使用注意力的方法。但是，这种注意力机制还可以进行泛化，使其更加强大。在你今天看到的最强大的神经网络应用中，这种泛化机制都被用作构建模块。

它使用三个主要组件：

- 查询，用 Q 表示。可以将其视为解码器的隐藏状态。
- 键，用 K 表示。可以将键视为输入 h_i 的隐藏状态。
- 值，用 V 表示。在标准注意力机制中，这些值与键相同，只是分开作为单独的值。

查询、键和值共同组成了注意力机制，其形式为：

$$\text{Attention}(Q, K, V) = \text{soft max}\left(\frac{QK^T}{\sqrt{d_k}}\right)V \tag{3.2}$$

我们可以将其分为三类：

- 使用 MLP 计算注意力权重对每个时间步来说都是一个相对繁重的操作。而我们可以使用更轻量级的方法，从而更快地计算解码器每个隐藏状态的注意力权重：使用解码器隐藏状态和编码器隐藏状态的缩放点积。我们用 K 维度的平方根来缩放点积：

$$\frac{QK^T}{\sqrt{d_k}} \tag{3.3}$$

这有两个原因：一是取 softmax 值会产生极端值——非常接近 0 和非常接近 1 的值。这就增加了优化过程的难度。通过缩放点积，可以避免这个问题。二是注意力机制采用高维向量的点积。这会导致点积非常大。通过缩放点积，可以解决这一问题。

- 我们将单独使用输入向量——将它们分开作为不同输入流中的键和值。这样，模型就能更灵活地以不同方式处理它们。两者都是可学习的矩阵，因此模型可以用不同的方式对两者进行优化。
- 注意力将一组输入作为查询向量。这样计算效率更高；我们可以一次性计算所有查询向量的点积，而不是计算每个查询向量的点积。

这三种泛化做法使注意力成为一种应用非常广泛的算法。你可以在当今大多数性能最好的模型、一些最好的图像分类模型中看到它的身影，如：大型语言模型可以生成非常逼真的文本，而文本到图像模型则可以生成最漂亮、最有创意的图像。由于注意力机制的广泛应用，在 TensorFlow 和其他深度学习库中也能看到其身影。在 TensorFlow 中，可以这样使用注意力：

```
1 from tensorflow.keras.layers import Attention
2 attention = Attention(use_scale=True, score_mode='dot')
```

可以用我们的查询、键和值来调用它：

```
1 context_vector, attention_weights = attention(
2     inputs = [query, value, keys],
3     return_attention_scores = True,
4 )
```

在前面的章节中，我们讨论了神经网络的一些重要组成部分。我们讨论了基本的 MLP、卷积的概念、循环神经网络和注意力，但还有一些我们没有讨论的内容，甚至包括更多讨论过的内容的变体和组合。如果你想进一步了解这些构件模块，请参阅本章末尾的延伸阅读。如果你想更深入地了解神经网络架构和组件，那里有非常好的资源。

3.4　理解典型神经网络存在的问题

我们在前面章节中讨论过的深度神经网络非常强大，配合适当的训练数据，可以在机器感知领域取得长足进步。在机器视觉领域，卷积神经网络使我们能够对图像进行分类、定位图像中的目标、将图像分割成不同的片段或实例，甚至生成全新的图像。在自然语言处理方面，循环神经网络和 Transformer 使我们能够对文本进行分类、识别语音、生成新文本，或者如前所述，在两种不同语言之间进行翻译。

然而，这些标准类型的神经网络模型也有一些局限性。本节接下来将探讨其中的一些局限性。主要探讨以下问题：

- 此类神经网络模型的预测得分如何可能过高置信。
- 此类模型如何对 OOD 数据做出非常有把握的预测。
- 输入图像中的微小、不易察觉的变化如何导致模型做出完全错误的预测。

3.4.1 未经校准和过高置信的预测

现代原始 RNN 存在的一个问题是，它们产生的输出结果往往没有经过很好的校准。这意味着这些网络产生的置信度分数不再代表其实际正确性。为了更好地理解这一点，下面看看图 3.8 所示的理想校准网络的可靠性图。

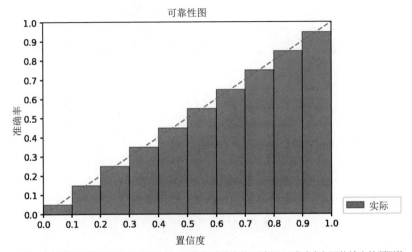

图 3.8　经过良好校准的神经网络的可靠性图。根据经验确定的("实际")准确率与网络输出的预测值一致

如图所示，可靠性图显示了准确率(y 轴)与置信度(x 轴)的函数关系。其基本思想是，对于一个校准良好的网络来说，与预测相关的输出(或置信度)分数应该与其实际正确性相匹配。这里，实际正确性被定义为一组样本的准确率，这些样本都有相似的输出值，因此在可靠性图中被归入同一分区。因此，举例来说，所有被分配输出值都在 0.7 和 0.8 之间的样本组，对于一个校准良好的网络来说，期望值是预测值的 75%应该是正确的。

为了让这一想法更正式一些，假设有一个包含 N 个数据样本的数据集 X。每个数据样本 x 都有一个对应的目标标签 y。在分类设置中，我们会得到 y，它代表 K 个类型中的一个类别。为了获得可靠性图，我们将使用神经网络模型对整个数据集 X 进行推理，以获得每个样本 x 的输出分数 $\hat{y}$。然后，我们根据输出分数将每个数据样本分配到可靠性图中的 m 个分区。在上图中，我们选择了 $M=10$ 个分区。B_m 是属于落入 m 分区的样本索引集。最后，我们将测量并绘制给定分区中所有样本的平均预测准确率，其定义为：

$$\mathrm{acc}(B_m) = \frac{1}{|B_m|} \sum_{i \in B_m} 1(\hat{y}_i = y_i)$$

在网络校准良好的情况下，特定分区中样本的平均准确率应与该分区的置信度值相匹配。例如，在图 3.8 中我们可以看到，对于输出分数在 0.2 和 0.3 之间的样本，我们观察到的匹配平均准确率为 0.25。现在，来看看未经校准的网络在预测时过高置信会出现什么情况。图 3.9 展示了这种情况，它代表了许多现代原始 RNN 架构的行为。

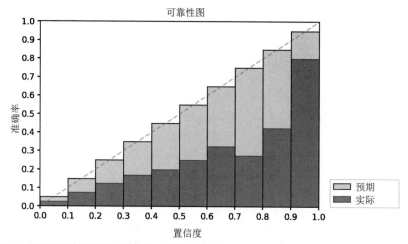

图 3.9　过高置信神经网络的可靠性图。根据经验确定的"实际"准确率(紫色条)始终低于网络预测值
(粉色条和灰色虚线)所显示的准确率

我们可以观察到，在所有分区中，分区中样本的观察("实际")准确率都低于根据样本输出分数所预期的准确率。这就是过高置信预测的表现。网络的输出让我们相信，它对自己的预测有很高的置信度，而实际表现却与之不符。

在医疗决策、自动驾驶汽车、法律或金融决策等安全和任务至关重要的应用中，过高置信预测可能会带来很大问题。预测过高置信的网络将缺乏向我们人类(或其他网络)指出其可能出错的能力。例如，当一个网络被用来帮助决定被告是否应该获得保释时，这种意识的缺乏就会变得非常危险。假设向网络提供了被告的数据(如前科、年龄、教育水平)，并以 95% 的置信度预测不应批准保释。面对这样的输出结果，法官可能会错误地认为模型是可信的，并主要根据模型的输出结果做出判决。相比之下，经过校准的置信度输出可以说明我们在多大程度上可以相信模型的输出结果。如果模型是不确定的，这就表明输入数据的某些方面在模型的训练数据中没有得到很好的体现，即表明模型更有可能犯错误。因此，校准良好的不确定性可以决定是将模型的预测结果纳入决策，还是完全忽略模型。

绘制和检查可靠性图对于可视化校准一些神经网络非常有用。不过，有时我们需要比较多个神经网络的校准性能，因为每个网络可能都使用了不止一种配置。在这种需要比较多个网络和设置的情况下，用标量统计来总结神经网络的校准非常有用。**预期校准误差(Expected Calibration Error，ECE)**就是这样一种汇总统计。对于可靠性图中的每个分区，它测量的是观察到的准确率 $\mathrm{acc}(B_m)$ 与我们根据样本输出分数预期的准确率 $\mathrm{conf}(B_m)$ 之间的差值，$\mathrm{conf}(B_m)$ 的定义为 $\frac{1}{|B_m|}\sum_{i \in B_m}\hat{y}$。然后，对所有分区进行加权平均，每个分区的权重由分区中的样本

数决定：

$$\text{ECE} = \sum_{m=1}^{M} \frac{|B_m|}{n} |\text{acc}(B_m) - \text{conf}(B_m)| \tag{3.4}$$

这是对预期校准误差及其测量方法的初步介绍。我们将在第 8 章通过提供代码实现更详细地介绍预期校准误差，将其作为贝叶斯方法揭示数据集漂移案例研究的一部分。

在经过完全校准的神经网络输出中，预期校准误差为零。神经网络越未经校准，预期校准误差就越大。来看看神经网络出现校准不良和过高置信的一些原因。

其中一个原因是，softmax 函数通常是分类网络的最后一个操作，它使用指数函数来确保所有值都是正值：

$$\sigma(\vec{z})_i = \frac{e^{z_i}}{\sum_{j=1}^{K} e^{z_j}} \tag{3.5}$$

这样做的结果是，softmax 函数输入的微小变化就会导致其输出产生巨大变化。

造成过高置信的另一个原因是现代深度神经网络的模型容量增大(Chuan Guo 等人(2017))。这些年来，神经网络架构变得更深(层数更多)、更宽(每层有更多神经元)。这种深度和广度神经网络的方差比较大，可以非常灵活地拟合大量输入数据。在对神经网络的层数或每层的滤波器数量进行实验时，Chuan Guo 等人观察到，错误校准(以及过高置信)会随着架构更深更宽而变得更严重。他们还发现，使用批量归一化或具有较少权重衰减的训练对校准有负面影响。这些观察结果表明，现代深度神经网络模型容量的增加会导致其产生过高置信。

最后，选择特定的神经网络组件也会导致出现过高置信的估计。例如，有研究表明，使用 ReLU 函数的全连接网络会产生连续分片仿射分类器。这反过来又意味着，总是有可能找到 ReLU 网络能产生高置信度输出的输入样本。即使是与训练数据不同的输入样本也是如此，因为这些样本的泛化性能可能较差，因此我们会期望得到置信度较低的输出结果。这种任意的高置信度预测也适用于在卷积层后使用最大池化层或平均池化层的卷积网络，或任何其他会产生分片仿射分类器函数的网络。

这个问题是此类神经网络架构所固有的，只能通过改变架构本身来解决。

3.4.2　预测分布外数据

既然我们已经看到了模型可能会过度置信，因而无法校准，那么再来看看神经网络的另一个问题。神经网络通常是在测试数据和训练数据来自同一分布的假设下进行训练的。但实际上，情况并非总是如此。当模型部署到现实世界中时，它所看到的数据可能会发生变化(见图 3.10)。我们将这些变化称为数据集漂移，通常分为三类：

- **协变量漂移**：特征分布 $p(x)$ 发生变化，而 $p(y \mid x)$ 固定不变。
- **开放集识别**：测试时出现新标签。
- **标签漂移**：标签分布 $p(y)$ 发生变化，而 $p(x \mid y)$ 固定不变。

前述项目的例子包括以下内容：

- **协变量漂移**：训练一个模型来识别人脸。训练数据主要由年轻人的面孔组成。测试时，模型会看到所有年龄段的人脸。
- **开放集识别**：训练一个模型对有限数量的小狗的品种进行分类。测试时，模型会看到比训练数据集中更多的小狗品种。
- **标签漂移**：训练一个模型来预测不同的疾病，其中有些疾病在训练时非常罕见。然而，随着时间的推移，罕见疾病出现的频率会发生变化，在测试时会变成最常见的疾病之一。

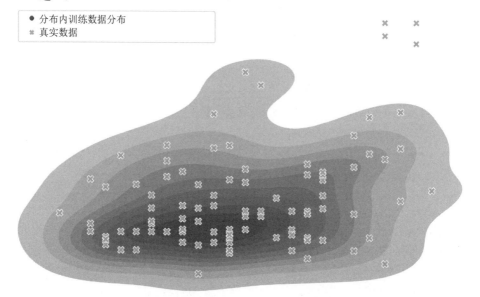

图3.10　训练数据分布与真实数据大部分重叠，但我们不能指望模型在图右上方的分布外点上表现良好

　　由于存在这些变化，如果模型面对的数据与训练数据的分布不一致，那么模型在实际应用中的性能可能会降低。模型遇到分布外数据的可能性有多大，在很大程度上取决于模型的部署环境：有些环境是静态的(出现分布外数据的概率较低)，而有些环境则比较动态(出现分布外数据的概率较高)。

　　深度学习模型在处理分布外数据时出现问题的一个原因是，模型通常包含大量参数，因此可以记忆训练数据的特定模式和特征，而不是对反映底层数据分布的数据进行鲁棒而有意义的表征。当测试时出现与训练数据略有不同的新数据时，模型实际上并不具备泛化和做出正确预测的能力。其中一个例子是海滩上的奶牛图像(见图 3.11)，而训练数据集中的奶牛恰好是在绿色的草原上。模型通常利用数据中的上下文进行预测。

图3.11 不同环境中的物体(这里是海滩上的一头奶牛)会使模型难以识别图像中包含的物体

在举例说明一个简单模型如何处理分布外数据之前，我们先来看看在典型的神经网络中，有哪些方法可以解决分布外数据问题。理想情况下，我们希望模型在遇到不同于它所训练的分布数据时，能表现出高度的不确定性。如果是这样，当模型被部署到现实世界中时，分布外数据就不会成为大问题。例如，在关键任务系统中，模型出错的代价很高，通常需要达到一定的置信度阈值才能相信预测结果。如果一个模型校准良好，但它为分布外输入分配一个较低的置信度分数，那么围绕该模型的业务逻辑就会出现异常，导致无法使用该模型的输出。例如，自动驾驶汽车可以提醒驾驶员它应该接管控制权，或者它可以减速以避免发生事故。

然而，普通的神经网络并不知道它们何时不知道模型出错；它们通常不会给分布外数据分配低置信度分数。

谷歌的一篇题为 *Can You Trust Your Model's Uncertainty? Evaluating Predictive Uncertainty Under Dataset Shift* 的论文中给出了一个例子。该论文指出，如果对测试数据集进行扰动，如添加模糊或噪声，使图像变得越来越偏离分布，那么模型的准确率就会下降。

然而，模型的置信度校准也会跟着下降。这就意味着，模型的分数在分布外数据上不再可信：它们不能准确显示模型对其预测的置信度。我们将在第 8 章介绍的贝叶斯方法揭示数据集漂移案例研究中亲自探索这种行为。

确定模型如何处理分布外数据的另一种方法是，不仅向模型输入扰动数据，而且数据与模型训练的数据集完全不同。测量模型的分布外检测性能的步骤如下：

(1) 在分布内数据集上训练模型。

(2) 保存模型在分布内测试集上的置信度分数。

(3) 向模型输入完全不同的分布外数据集，并保存模型的相应置信度得分。

(4) 现在，将两个数据集的得分视为二元问题的得分：分布内或分布外。计算二元指标，如**接收器操作特征曲线下面积(Area Under the Receiver Operating Characteristic，AUROC)**或查准率召回曲线下面积。

这一策略可以告诉你，模型能在多大程度上将分布内数据与分布外数据区分开来。其假设是，分布内数据应始终比分布外数据获得更高的置信度分数；在理想情况下，两个分布之间没有重叠。但实际情况并非如此。模型通常会给分布外数据较高的置信度得分。我们将在下一节中探讨这方面的一个例子，并在后面的章节中探讨解决这一问题的一些方法。

3.4.3 置信度高的分布外预测示例

下面介绍原始神经网络如何对分布外数据进行有把握的预测。在本例中，我们将首先训练一个模型，然后向其输入分布外数据。为了简单起见，我们将使用一个包含不同类型猫狗的数据集，并建立一个二元分类器来预测图像中包含的是狗还是猫。

首先下载数据：

```
1 curl -X GET https://s3.amazonaws.com/fast-ai-imageclas/oxford-iiit-pet.tgz \
2 --output pets.tgz
3 tar -xzf pets.tgz
```

然后，将数据加载到一个数据帧中：

```
1 import pandas as pd
2
3 df = pd.read_csv("oxford-iiit-pet/annotations/trainval.txt", sep=" ")
4 df.columns = ["path", "species", "breed", "ID"]
5 df["breed"] = df.breed.apply(lambda x: x - 1)
6 df["path"] = df["path"].apply(
7     lambda x: f"/content/oxford-iiit-pet/images/{x}.jpg"
8 )
```

之后，可以使用 scikit-learn 的 train_test_val()函数来创建训练集和验证集：

```
1 import tensorflow as tf
2 from sklearn.model_selection import train_test_split
3
4 paths_train, paths_val, labels_train, labels_val = train_test_split(
5     df["path"], df["breed"], test_size=0.2, random_state=0
6 )
```

最后，创建训练数据和验证数据。preprocess()函数会将下载的图像加载到内存中，并格式化我们的标签，以便模型能对其进行处理。我们使用的批量大小为 256，图像大小为 160 像素×160 像素：

```
 1 IMG_SIZE = (160, 160)
 2 AUTOTUNE = tf.data.AUTOTUNE
 3
 4
 5 @tf.function
 6 def preprocess_image(filename):
 7   raw = tf.io.read_file(filename)
 8   image = tf.image.decode_png(raw, channels=3)
 9   return tf.image.resize(image, IMG_SIZE)
10
```

```
11
12 @tf.function
13 def preprocess(filename, label):
14   return preprocess_image(filename), tf.one_hot(label, 2)
15
16
17 train_dataset = (tf.data.Dataset.from_tensor_slices(
18   (paths_train, labels_train)
19   ).map(lambda x, y: preprocess(x, y))
20   .batch(256)
21   .prefetch(buffer_size=AUTOTUNE)
22 )
23
24 validation_dataset = (tf.data.Dataset.from_tensor_slices(
25   (paths_val, labels_val))
26   .map(lambda x, y: preprocess(x, y))
27   .batch(256)
28   .prefetch(buffer_size=AUTOTUNE)
29 )
```

现在我们可以创建模型了。为了加快学习速度，可以使用迁移学习，从在 ImageNet 上预先训练好的模型开始：

```
1 def get_model():
2   IMG_SHAPE = IMG_SIZE + (3,)
3   base_model = tf.keras.applications.ResNet50(
4     input_shape=IMG_SHAPE, include_top=False, weights='imagenet'
5   )
6   base_model.trainable = False
7   inputs = tf.keras.Input(shape=IMG_SHAPE)
8   x = tf.keras.applications.resnet50.preprocess_input(inputs)
9   x = base_model(x, training=False)
10  x = tf.keras.layers.GlobalAveragePooling2D()(x)
11  x = tf.keras.layers.Dropout(0.2)(x)
12  outputs = tf.keras.layers.Dense(2)(x)
13  return tf.keras.Model(inputs, outputs)
```

在训练模型之前，首先需要编译模型。编译的意思很简单，就是为模型指定一个损失函数和一个优化器，还可以选择添加一些指标，以便在训练过程中进行监控。在下面的代码中，我们指定使用二元交叉熵损失函数和 Adam 优化器来训练模型，并在训练过程中监控模型的准确率：

```
1 model = get_model()
2 model.compile(optimizer=tf.keras.optimizers.Adam(learning_rate=0.01),
3               loss=tf.keras.losses.BinaryCrossentropy(from_logits=True),
4               metrics=['accuracy'])
```

　　由于进行了迁移学习，我们的模型只需拟合三个迭代周期就能获得约 99% 的验证准确率：

```
1 model.fit(train_dataset, epochs=3, validation_data=validation_dataset)
```

　　也在该数据集的测试集上测试一下我们的模型。首先准备数据集：

```
 1 df_test = pd.read_csv("oxford-iiit-pet/annotations/test.txt", sep=" ")
 2 df_test.columns = ["path", "species", "breed", "ID"]
 3 df_test["breed"] = df_test.breed.apply(lambda x: x - 1)
 4 df_test["path"] = df_test["path"].apply(
 5     lambda x: f"/content/oxford-iiit-pet/images/{x}.jpg"
 6 )
 7
 8 test_dataset = tf.data.Dataset.from_tensor_slices(
 9     (df_test["path"], df_test["breed"])
10 ).map(lambda x, y: preprocess(x, y)).batch(256)
```

　　然后，就可以将数据集输入训练过的模型。测试集的准确率约为 98.3%：

```
1 test_predictions = model.predict(test_dataset)
2 softmax_scores = tf.nn.softmax(test_predictions, axis=1)
3 df_test["predicted_label"] = tf.argmax(softmax_scores, axis=1)
4 df_test["prediction_correct"] = df_test.apply(
5     lambda x: x.predicted_label == x.breed, axis=1
6 )
7 accuracy = df_test.prediction_correct.value_counts(True)[True]
8 print(accuracy)
```

　　我们现在有了一个在猫狗分类方面表现相当出色的模型。但是，如果给这个模型一张既不是猫也不是狗的图像，会发生什么情况呢？理想情况下，模型应该能识别出这张图片不属于数据分布的一部分，并输出接近均匀分布的结果。来看看实际情况是否如此。我们从 ImageNet 数据集向模型输入一些图像，ImageNet 数据集就是用于预训练模型的实际数据集。ImageNet 数据集很大。因此，我们下载了该数据集的一个子集：名为 Imagenette 的数据集。该数据集只包含原始 ImageNet 数据集中 1,000 个类别中的 10 个类：

```
1 curl -X GET https://s3.amazonaws.com/fast-ai-imageclas/imagenette-160.tgz \
2 --output imagenette.tgz
3 tar -xzf imagenette.tgz
```

　　然后，我们从 parachute 类中提取一幅图像：

```
1 image_path = "imagenette-160/val/n03888257/ILSVRC2012_val_00018229.JPEG"
2 image = preprocess_image(image_path).numpy()
3 plt.figure(figsize=(5,5))
4 plt.imshow(image.astype(int))
5 plt.axis("off")
6 plt.show()
```

图片中显然没有猫或狗，这显然属于分布外数据，如图 3.12 所示。

图 3.12　ImageNet 数据集中的降落伞图像

我们通过模型运行图像并打印置信度分数：

```
1 logits = model.predict(tf.expand_dims(image, 0))
2 dog_score = tf.nn.softmax(logits, axis=1)[0][1].numpy()
3 print(f"Image classified as a dog with {dog_score:.4%} confidence")
4 # output: Image classified as a dog with 99.8226% confidence
```

可以看到，模型将降落伞图像分类为狗的置信度超过 99%。

我们还可以更系统地测试模型在 ImageNet parachute 类别上的表现。通过模型运行训练分割中的所有降落伞图像，并绘制 dog 类置信度得分的直方图。

我们首先使用一个小函数来创建包含所有降落伞图像的特殊数据集：

```
1 from pathlib import Path
2
3 parachute_image_dir = Path("imagenette-160/train/n03888257")
4 parachute_image_paths = [
5     str(filepath) for filepath in parachute_image_dir.iterdir()
6 ]
7 parachute_dataset = (tf.data.Dataset.from_tensor_slices(parachute_image_paths)
8     .map(lambda x: preprocess_image(x))
9     .batch(256)
10    .prefetch(buffer_size=AUTOTUNE))
```

然后，就可以将数据集输入模型，并创建与 dog 类相关的所有 softmax 分数列表：

```
1 predictions = model.predict(parachute_dataset)
2 dog_scores = tf.nn.softmax(predictions, axis=1)[:, 1]
```

然后，我们可以用这些分数绘制直方图——这将显示 softmax 分数的分布情况：

```
1 plt.rcParams.update({'font.size': 22})
2 plt.figure(figsize=(10,5))
3 plt.hist(dog_scores, bins=10)
4 plt.xticks(tf.range(0, 1.1, 0.1))
5 plt.grid()
6 plt.show()
```

理想情况下，我们希望这些分数的分布接近 0.5，因为该数据集中的图像既不是狗也不是猫；模型应该非常不确定，如图 3.13 所示。

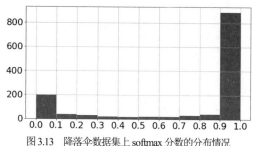

图 3.13　降落伞数据集上 softmax 分数的分布情况

然而，我们看到的情况却截然不同。有 800 多张图片以至少 90% 的置信度被归类为狗。我们的模型显然不知道如何处理分布不均的数据。

3.4.4　易受对抗性操纵的影响

大多数神经网络的另一个弱点是容易受到对抗性攻击。简单地说，对抗性攻击就是一种愚弄深度学习系统的方法，但通常不会愚弄人类。这些攻击可能无害，也可能有害。下面是一些对抗性攻击的例子：

- 分类器可以检测不同类型的动物。它能以 57.7% 的置信度将熊猫图像归类为熊猫。通过对图像进行人类无法察觉的轻微扰动，现在该图像被归类为长臂猿，置信度为 93.3%。
- 一个模型可以检测电影推荐是积极还是消极的。它将给定的电影归类为消极。通过改变一个不会改变评论整体基调的词，例如，将"令人惊讶"改为"令人吃惊"，模型的预测就可以从消极推荐变为积极推荐。
- 停车标志检测器可以检测到停车标志。然而，如果在停车标志上贴上一个相对较小的贴纸，模型就不再能识别停车标志了。

这些例子表明，对抗性攻击有不同的种类。一个对对抗性攻击进行分类的有用方法是，弄清楚攻击模型的人类(或机器)可以获得多少有关模型的信息。攻击者总是可以向模型输入信息，但模型返回的信息或攻击者检查模型的方式却各不相同。从这个角度看，我们可以将模型分为以下几类：

- **硬标签黑盒**：攻击者只能访问向模型输入数据后产生的标签。
- **软标签黑盒**：攻击者可以访问模型的分数和标签。

● **白盒设置:** 攻击者可以完全访问模型。他们可以访问权重、查看分数和模型结构等。

可以想象,这些不同的设置或多或少地增加了攻击模型的难度。如果想要欺骗模型的人只能看到输入结果的标签,那么只要标签保持不变,他们就无法确定,输入的微小变化是否会导致模型行为出现不同。如果他们能获得模型的标签和分数,这就变得容易多了。这样一来,他们就能看到输入的变化是增加还是减少了模型的置信度。因此,他们可以更系统地尝试改变我们的输入,以降低模型对标签的置信度。如果有足够的时间以迭代的方式改变输入,就有可能找到模型存在的漏洞。现在,如果有人可以完全访问模型(白盒设置),那么找到漏洞可能会变得更加容易。他们现在可以使用更多信息来引导图像发生变化,例如相对于输入图像的损失梯度。

攻击者可用的信息量并不是区分不同类型对抗性攻击的唯一方法;攻击的类型有很多。例如,在针对视觉模型的攻击中,有些攻击是基于对图像(甚至是单个像素)的单个补丁调整,而另一些攻击则会改变整个图像。有些攻击是针对单一模型的,有些攻击则可应用于多个模型。我们还可以区分对图像进行数字处理的攻击和现实世界中用来欺骗模型的攻击,或者人眼可见的攻击和人眼不可见的攻击。由于攻击的种类繁多,因此有关这一主题的研究文献也俯拾皆是。攻击模型的方法层出不穷,因此需要找到防御这些攻击的方法。

在有关分布外数据的章节中,我们训练了一个模型来判断给定图像是猫还是狗。我们看到分类器运行良好:测试准确率达到约 98.3%。这个模型是否能抵御恶意攻击?创建一种攻击来找出答案。我们将使用**快速梯度符号法(Fast-Gradient Sign Method, FGSM)**对狗的图像进行轻微扰动,使模型认为它实际上是只猫。快速梯度符号法由 Ian Goodfellow 等人于 2014 年提出,至今仍是最著名的对抗性攻击实例之一,这可能是因为其具有简单性;我们将看到,只需要几行代码就能创建这样一种攻击。此外,这种攻击的结果也令人震惊。Goodfellow 本人曾提到,他在第一次测试这种攻击时简直不敢相信结果,他不得不验证为模型提供输入的扰动和对抗图像是否真的与原始输入图像不同。

要创建有效的对抗图像,必须确保图像中的像素发生变化,但变化的程度以"人眼无法察觉"为限。如果我们对小狗图像中的像素进行扰动,使图像现在看起来像一只猫,那么模型将该图像分类为猫就不会有错。我们通过最大范数对扰动进行限制,以确保不会对图像造成太大的扰动。这主要是告诉我们,图像中任何像素的变化都不能超过某个量 ϵ:

$$\|\tilde{x} - x\|_\infty \leqslant \epsilon \tag{3.6}$$

其中,$\bar{x}$ 为扰动图像,x 为原始输入图像。

现在,为了在快速梯度符号法中创建对抗示例,我们使用相对于输入图像的损失梯度来创建新图像。我们现在要做的不是像梯度下降法那样将损失最小化,而是将其最大化。给定网络权重 θ、输入 x、标签 y 和函数 J 来计算损失,我们可以通过以下方式扰动图像来创建对抗图像:

$$\eta = \epsilon \, \mathrm{sgn}\left(\nabla_x J(\theta, x, y)\right) \tag{3.7}$$

在这一公式中,我们计算损失相对于输入的梯度符号,即确定梯度是正(1)、负(-1)还是 0。符号强制执行最大范式约束,通过乘以 ϵ,可以确保扰动很小。计算符号只是告诉我们是否要增加或减少 ϵ,以损害模型在图像上的性能,从而扰动图像。η 现在指的是我们要添加到图像中的扰动:

$$\tilde{x} = x + \eta \tag{3.8}$$

下面看看在 Python 中的代码呈现。考虑到我们训练有素的网络能将图像分类为狗或猫，可以生成一个函数来创建扰动，当扰动乘以ϵ并添加到图像中时，就会产生对抗性攻击：

```
1 import tensorflow as tf
2
3 loss_object = tf.keras.losses.BinaryCrossentropy()
4
5 def get_adversarial_perturbation(image, label):
6   image = tf.expand_dims(image, 0)
7   with tf.GradientTape() as tape:
8     tape.watch(image)
9     prediction = model(image)
10    loss = loss_object(label, prediction)
11
12  gradient = tape.gradient(loss, image)
13  return tf.sign(gradient)[0]
```

然后，创建一个小函数，通过模型运行输入图像，并返回这一模型对包含小狗图像的置信度：

```
1 def get_dog_score(image) -> float:
2   scores = tf.nn.softmax(
3     model.predict(np.expand_dims(image, 0)), axis=1
4   ).numpy()[0]
5 return scores[1]
```

我们下载了一张猫的图片：

```
1 curl https://images.pexels.com/photos/1317844/pexels-photo-1317844.jpeg > \
2 cat.png
```

然后，对其进行预处理，以便将其输入我们的模型。我们将标签设置为 0，对应猫的标签：

```
1 # preprocess function defined in the out-of-distribution section
2 image, label = preprocess("cat.png", 0)
```

我们可以扰动图像：

```
1 epsilon = 0.05
2 perturbation = get_adversarial_perturbation(image, label)
3 image_perturbed = image + epsilon * perturbation
```

现在来计算模型对原始图像是小猫的置信度，以及模型对扰动图像是小狗的置信度：

```
1 cat_score_original_image = 1 - get_dog_score(image)
2 dog_score_perturbed_image = get_dog_score(image_perturbed)
```

有了这些，我们就可以绘制下面的图，显示原始图像、对图像施加的扰动以及扰动后的图像：

```
1 import matplotlib.pyplot as plt
2
3 ax = plt.subplots(1, 3, figsize=(20,10))[1]
4 [ax.set_axis_off() for ax in ax.ravel()]
5 ax[0].imshow(image.numpy().astype(int))
6 ax[0].title.set_text("Original image")
7 ax[0].text(
8    0.5,
9    -.1,
10   f"\"Cat\"\n {cat_score:.2%} confidence",
11   size=12,
12   ha="center",
13   transform=ax[0].transAxes
14 )
15 ax[1].imshow(perturbations)
16 ax[1].title.set_text(
17    "Perturbation added to the image\n(multiplied by epsilon)"
18 )
19 ax[2].imshow(image_perturbed.numpy().astype(int))
20 ax[2].title.set_text("Perturbed image")
21 ax[2].text(
22   0.5,
23   -.1,
24   f"\"Dog\"\n {dog_score:.2%} confidence",
25   size=12,
26   ha="center",
27   transform=ax[2].transAxes
28 )
29 plt.show()
```

图 3.14 显示了原始图像和扰动图像，以及模型对每幅图像的预测结果。

原始图像　　　　　　　为图像添加扰动(ε倍数)　　　　　　扰动图像

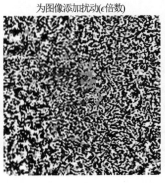

"猫"　　　　　　　　　　　　　　　　　　　　　　　"狗"
100%置信度　　　　　　　　　　　　　　　　　　98.73%置信度

图 3.14　对抗性攻击示例

在图 3.14 中，可以看到模型最初将图像分类为猫，置信度为 100%。在我们对最初的猫图像(如左图所示)进行扰动(如中间所示)后，该图像(如右图所示)现在被分类为狗，置信度为 98.73%，尽管图像的视觉效果与原始输入图像相同。我们成功地创建了一种能骗过模型的对抗性攻击！

3.5　小结

在本章中，我们学习了不同类型的常见神经网络。首先，讨论了神经网络的关键构件，重点是多层感知器。然后，回顾了常见的神经网络架构：卷积神经网络、循环神经网络和注意力机制。所有这些组件都能构建出非常强大的深度学习模型，有些甚至能具有超越人类的性能。不过，在本章的第二部分，我们回顾了神经网络存在的一些问题。讨论了它们如何会过高置信，以及为何不能很好地处理分布外数据。我们还看到了神经网络输入的微小且不易察觉的变化是如何导致模型做出错误预测的。

在第 4 章中，我们将结合本章和第 2 章中所学的概念，讨论贝叶斯深度学习，它有可能克服我们在本章中看到的标准神经网络所面临的一些挑战。

3.6　延伸阅读

要了解更多深度学习的基本构建模块，有很多很好的资源可供参阅。以下是一些热门资源，它们是一个很好的学习起点：

- Nielsen, M.A., 2015. *Neural networks and deep learning* (Vol. 25). San Francisco, CA, USA: Determination Press，http://neuralnetworksanddeeplearning.com/.
- Chollet, F., 2021. *Deep learning with Python*. Simon and Schuster.
- Raschka, S., 2015. *Python Machine Learning*. Packt Publishing Ltd.
- Ng, Andrew, 2022, *Deep Learning Specialization*. Coursera.
- Johnson, Justin, 2019. EECS 498-007/598-005, *Deep Learning for Computer Vision*. University of Michigan.

要了解有关深度学习模型问题的更多信息，可以阅读以下资源：

- 过高置信与校准：

  – Guo, C., Pleiss, G., Sun, Y. and Weinberger, K.Q., 2017, July. *On calibration of modern neural networks*. In International conference on machine learning (pp.1321-1330). PMLR.

  – Ovadia, Y., Fertig, E., Ren, J., Nado, Z., Sculley, D., Nowozin, S., Dillon, J., Lakshminarayanan, B. and Snoek, J., 2019. *Can you trust your model's uncertainty? evaluating predictive uncertainty under dataset shift*. Advances in neural information processing systems, 32.

- 分布外检测：

  – Hendrycks, D. and Gimpel, K., 2016. *A baseline for detecting misclassified and out-of-distribution examples in neural networks*. arXiv preprint arXiv:1610.02136.

– Liang, S., Li, Y. and Srikant, R., 2017. *Enhancing the reliability of out-of-distribution image detection in neural networks*. arXiv preprint arXiv:1706.02690.

– Lee, K., Lee, K., Lee, H. and Shin, J., 2018. *A simple unified framework for detecting out-of-distribution samples and adversarial attacks*. Advances in neural information processing systems, 31.

– Fort, S., Ren, J. and Lakshminarayanan, B., 2021. *Exploring the limits of out-of-distribution detection*. Advances in Neural Information Processing Systems, 34, pp.7068-7081.

- 对抗性攻击：

– Szegedy, C., Zaremba, W., Sutskever, I., Bruna, J., Erhan, D., Goodfellow, I.and Fergus, R., 2013. *Intriguing properties of neural networks*. arXiv preprint arXiv:1312.6199.

– Goodfellow, I.J., Shlens, J. and Szegedy, C., 2014. *Explaining and harnessing adversarial examples*. arXiv preprint arXiv:1412.6572.

– Nicholas Carlini, 2019. *Adversarial Machine Learning Reading List* https://nicholas. carlini.com/writing/2019/all-adversarial-example-papers.html.

你可以查看以下资源，深入了解本章涉及的主题和实验：

- Jasper Snoek, MIT 6.S191: *Uncertainty in Deep Learning*, January 2022.

- TensorFlow Core Tutorial, *Adversarial example using FGSM*.

- Goodfellow, I.J., Shlens, J. and Szegedy, C., 2014. *Explaining and harnessing adversarial examples*. arXiv preprint arXiv:1412.6572.

- Chuan Guo, Geoff Pleiss, Yu Sun, and Kilian Q Weinberger. On calibration of modern neural networks. In *International Conference on Machine Learning*, pages 1321–1330. PMLR, 2017.

- Stanford University School of Engineering, CS231N, *Lecture 16 | Adversarial Examples and Adversarial Training*.

- Danilenka, Anastasiya, Maria Ganzha, Marcin Paprzycki, and Jacek Mańdziuk,2022. *Using adversarial images to improve outcomes of federated learning for non-IID data*. arXiv preprint arXiv:2206.08124.

- Szegedy, C., Zaremba, W., Sutskever, I., Bruna, J., Erhan, D., Goodfellow, I. and Fergus, R., 2013. *Intriguing properties of neural networks*. arXiv preprint arXiv:1312.6199.

- Sharma, A., Bian, Y., Munz, P. and Narayan, A., 2022. *Adversarial Patch Attacks and Defences in Vision-Based Tasks: A Survey*. arXiv preprint arXiv:2206.08304.

- Nicholas Carlini, 2019. *Adversarial Machine Learning Reading List* https://nichol as.carlini. com/writing/2019/all-adversarial-example-papers.html.

- Parkhi, O.M., Vedaldi, A., Zisserman, A. and Jawahar, C.V., 2012, June. *Cats and dogs*. In 2012 IEEE conference on computer vision and pattern recognition (pp.3498-3505). IEEE. (Dataset cat vs dog).

- Deng, J., Dong, W., Socher, R., Li, L.J., Li, K. and Fei-Fei, L., 2009, June. *Imagenet: A large-scale hierarchical image database*. In 2009 IEEE conference on computer vision and pattern recognition (pp. 248-255). Ieee. (ImageNet dataset).
- Matthew D Zeiler and Rob Fergus. *Visualizing and understanding convolutional networks*. In European conference on computer vision, pages 818–833. Springer, 2014.

第4章

贝叶斯深度学习介绍

在第 2 章"贝叶斯推理基础"中，我们看到了传统的贝叶斯推理方法如何用于生成模型的不确定性估计，并介绍了用于不确定性估计的经过良好校准且原则明确的方法的性质。虽然这些传统方法在许多应用中都很强大，但第 2 章也强调了它们在扩展方面存在的一些局限性。在第 3 章"深度学习基础"中，我们看到了深度神经网络在有大量数据的情况下所具备的令人印象深刻的能力；但我们也了解到深度神经网络并不完美。特别是，它们往往缺乏对分布外数据的鲁棒性，而这是我们在实际应用中部署这些方法时考虑的一个主要问题。从图 4.1 可以看出，贝叶斯深度学习结合了深度学习和传统贝叶斯推理的优势。

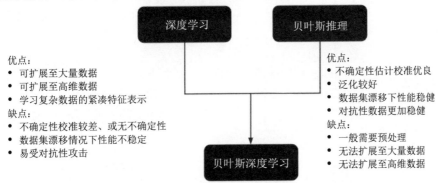

图 4.1　贝叶斯深度学习结合了深度学习和传统贝叶斯推理的优势

贝叶斯深度学习致力于改善传统贝叶斯推理和标准深度神经网络的缺点，利用一种方法的优势来解决另一种方法的不足。其基本思想相当直接：我们的深度神经网络获得了不确定性估计，因此可以更鲁棒地实现，而我们的贝叶斯推理方法获得了深度神经网络的可扩展性和高维非线性来表示学习。

虽然从概念上讲这很直观，但实际上它并不是简单的黏合。随着模型复杂度的增加，贝叶斯推理的计算成本也在增加，这使得某些贝叶斯推理方法(如通过采样)变得难以实现。

在本章中，我们将介绍理想状态下**贝叶斯神经网络(Bayesian Neural Network，BNN)**的概念，讨论其局限性，并了解如何使用贝叶斯神经网络创建更鲁棒的深度学习系统。

本章主要内容：
- 理想的贝叶斯神经网络
- 贝叶斯深度学习基础
- 贝叶斯深度学习工具

4.1 技术要求

要完成本章中的实践任务，你需要在 Python 3.8 环境中安装 SciPy 栈和以下 Python 软件包：
- TensorFlow 2.0
- TensorFlow Probability
- Seaborn 绘图库

所有代码都可以在本书的 GitHub 仓库中找到，网址为 https://github.com/PacktPublishing/Enhancing-Deep-Learning-with-Bayesian-Inference，也可以通过扫描本书封底的二维码进行下载。

4.2 理想的贝叶斯神经网络

正如第 3 章所述，标准神经网络由多个层组成。每一层都由若干个感知器组成——这些感知器包括一个乘法分量(权重)和一个加法分量(偏置)。每个权重和偏置参数都包含一个参数或点估计值，这些参数组合在一起，就能改变感知器的输入。正如你所见，多层感知器在通过反向传播训练时，能够取得令人瞩目的成就。然而，这些点估计值包含的信息非常有限，让我们来看看。

一般来说，深度学习的目标是找到以最佳方式将一组输入映射到一组输出的(可能非常非常多的)参数值。也就是说，在给定一些数据的情况下，对于网络中的每个参数，我们都要选择最能描述数据的参数。这通常可以归结为求取候选参数值的平均值或期望值。下面通过图 4.2 来说明神经网络中的单个参数是如何计算的。

输入值	理想参数	预测输出值	目标输出值	误差
4.80	5.00	(4.80 * 4.92) = 23.62	24.00	0.38
5.10	4.90	(5.10 * 4.92) = 25.09	24.99	0.10
4.90	4.80	(4.90 * 4.92) = 24.11	23.52	0.59
4.40	4.80	(4.40 * 4.92) = 21.65	21.12	0.51
5.20	5.10	(5.20 * 4.92) = 25.58	26.52	0.94
平均值	4.92	24.01	24.03	0.51
标准差	0.12	1.37	1.78	0.27

图4.2 说明机器学习模型中求取参数平均值的数值表

为了更好地理解这一点，我们将用图 4.3 所示的一个表格来说明输入值、模型参数和输出值之间的关系。该表显示了五个输入值示例(第一列)，以及要获得目标输出值(第四列)的话，理想参数(第二列)是多少。这里的理想参数是指输入值乘以理想参数后正好等于目标输出值。由于我们需要找到一个能最好地将输入数据映射到输出数据的单一值，因此最终会求取理想参数的期望值(或平均值)。

正如你在这里看到的，取这些参数的平均值是我们的模型需要做出的妥协，以便找到一个最适合示例中所有五个数据点的参数值。这就是传统深度学习所做的妥协。而通过使用分布(而非点估计值)，贝叶斯深度学习可以对其进行改进。如果我们看一下标准差(σ)，就能了解理想参数值的变化(以及输入值的变化)如何转化为损失的变化。那么，如果参数值选择不当会发生什么情况呢？

输入值	理想参数	预测输出值	目标输出值	误差
4.80	2.88	(4.80 * 6.38) = 30.60	24.00	6.60
5.10	6.40	(5.10 * 6.38) = 32.52	24.99	7.53
4.90	3.50	(4.90 * 6.38) = 31.24	23.52	7.72
4.40	3.20	(4.40 * 6.38) = 28.05	21.12	6.93
5.20	15.90	(5.20 * 6.38) = 33.16	26.52	6.64
平均值	6.38	31.11	24.03	7.08
标准差	4.93	1.77	1.78	0.46

图4.3 说明参数 σ 在参数组选择不当的情况下如何增加的数值表

如果比较一下图 4.2 和图 4.3，就会发现参数值的显著差异会导致模型的近似性变差，而较大的 σ 则表明存在误差(至少对于校准良好的模型而言)。虽然实际情况要复杂一些，但我们在这里看到的基本上就是深度学习模型中每个参数的情况：参数分布被提炼为点估计值，并在此过程中丢失信息。在贝叶斯深度学习中，我们感兴趣的是利用这些参数分布中的额外信息，将其用于更鲁棒的训练并创建不确定性感知模型。

贝叶斯神经网络希望通过对神经网络参数进行分布建模来实现这一目标。在理想情况下，贝叶斯神经网络能够学习网络中每个参数的任意分布。在推理时，我们将对神经网络进行采样，以获得输出值的分布。使用第 2 章中介绍的采样方法，重复这一过程，直到获得足够数量的统计样本，并从中假定输出分布具有良好的近似值。然后，我们就可以利用这一输出分布来推理输入数据，无论是对语音内容进行分类，还是对房价进行回归分析。

由于我们得到的是参数分布，而不是点估计值，因此理想的贝叶斯神经网络将产生精确的不确定性估计值。这将告诉我们，在包含输入数据的情况下，得到理想参数值的可能性有多大。这样，我们就能检测到输入数据与训练数据存在偏差的情况，并通过给定值样本与训练时所学分布之间的距离来量化这种偏差的程度。有了这些信息，我们就能更智能地处理神经网络输出——例如，如果输出具有高度不确定性，就可以退回到一些安全的、预定义的行为。根据不确定性来解释模型预测的这个概念大家应该都不陌生：我们在第 2 章中看到过，高不确定性表明模型预测是错误的。

再回过头来看第2章，我们发现采样很快就会变成计算密集型工作。现在假设，从分布中为一个神经网络中的每个参数采样——即使我们使用一个相对较小的网络，如 MobileNet(一种专门为提高计算效率而设计的架构)，仍然需要处理420万个庞大的参数。在该网络上进行这种基于采样的推理，将会出现大得惊人的计算密集，而对于其他网络架构(例如，AlexNet 有 6,000万个参数！)来说，情况会更糟。

由于这种难处理性，贝叶斯深度学习方法使用了各种近似方法，以促进不确定性量化。在下一节中，我们将了解一些基本原理，以便利用深度神经网络进行不确定性估计。

4.3　贝叶斯深度学习基本原理

在本书的其余部分，我们将介绍一系列实现贝叶斯深度学习的必要方法。这些方法有许多共同的主题。我们将在这里介绍这些内容，以便在之后遇到这些概念时能很好的理解。

这些概念包括以下内容：

- **高斯假设**：在许多贝叶斯深度学习方法中，我们使用高斯假设来使计算变得简单。
- **不确定性来源**：我们将了解不确定性的不同来源，以及如何确定这些来源对某些贝叶斯深度学习方法做出的贡献。
- **似然**：我们在第 2 章中介绍了似然，这里我们将进一步了解似然作为评估概率模型校准指标的重要性。

在下面的小节中逐一了解。

4.3.1　高斯假设

在前面描述的理想情况中，我们谈到了每个神经网络参数的学习分布。虽然现实中每个参数都遵循特定的非高斯分布，但这将使原本就困难的问题变得更加棘手。这是因为，对于贝叶斯神经网络而言，我们需要学习两个关键概率：

- 给定数据 D 的权重 W 的概率：

$$P(W|D) \tag{4.1}$$

- 在给定输入 x 的条件下，输出 $\hat{y}$ 的概率：

$$P(\hat{y}|x) \tag{4.2}$$

要获得任意概率分布中的这些概率，需要求解难以解决的积分。另外，高斯积分有闭式解，因此成为近似分布的热门选择。

因此，贝叶斯深度学习中通常会假设我们可以用高斯分布来近似权重的真实基本分布(类似于我们在第 2 章中看到的情况)。以典型的线性感知器模型为例，看看这将会是什么样子：

$$z = f(x) = \beta X + \xi \tag{4.3}$$

这里，x 是我们对感知器的输入，β 是我们学习到的权重值，ξ 是偏置值，z 是返回值(通常传递给下一层)。利用贝叶斯方法，我们可以将参数 β 和 ξ 转化为分布，而不是点估计值：

$$\beta \approx \mathcal{N}(\mu_\beta, \sigma_\beta) \tag{4.4}$$

$$\xi \approx \mathcal{N}(\mu_\xi, \sigma_\xi) \tag{4.5}$$

现在，学习过程需要学习四个参数，而不是两个，因为每个高斯分布都由两个参数描述：平均值(μ)和标准差(σ)。如果对神经网络中的每个感知器都这样做，我们需要学习的参数数量就会翻倍——从图 4.4 开始，我们可以看到这一点。

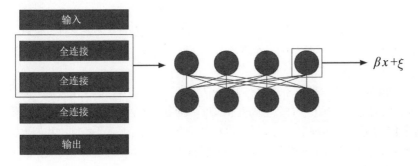

图 4.4　标准深度神经网络示意图

如果权重采用一维高斯分布，生成的网络就会如图 4.5 所示。

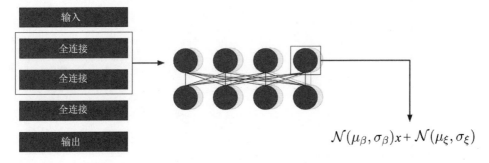

图 4.5　权重采用高斯先验的深度神经网络示意图

在第 5 章 "贝叶斯深度学习原理方法" 中，我们将看到这种方法。虽然这确实会增加网络的计算复杂度和内存占用，但它使得使用神经网络进行贝叶斯推理的过程变得易于管理，这是一个非常值得的折中。

那么，我们究竟想从这些不确定性估计中获取什么呢？在第 2 章中，我们介绍了不确定性是如何随着用于训练的数据样本而变化的，但这种不确定性的来源是什么，为什么它在深度学习应用中很重要？请继续阅读下一节，一探究竟。

4.3.2 不确定性的来源

正如你在第 2 章所见，也正如本书后面所述，我们通常将不确定性作为与参数或输出相关的标量变量来处理。这些变量代表了相关参数或输出的变化，尽管它们只是标量变量，却有多种来源对其值产生贡献。这些不确定性来源可分为两类：

- **随机不确定性**(又称观察不确定性或数据不确定性)是与输入相关的不确定性。它描述了我们**观察**到的变化，因此**不可减少**。
- **认知不确定性**，又称模型不确定性，是源于我们模型的不确定性。就机器学习而言，这是与模型参数相关的方差，并非源于观察结果，而是模型或模型训练方式的产物。例如，在第 2 章中，我们看到了不同的先验如何影响高斯过程产生不确定性。这就是模型参数如何影响认知不确定性的一个例子。在这种情况下，参数明确地修改了模型解释不同数据点之间关系的方式。

可以通过一些简单的例子来建立对这些概念的直观认识。假设我们有一篮子水果，里面有苹果和香蕉。如果我们测量某些苹果和香蕉的高度和长度，就会发现苹果一般是圆的，而香蕉一般是长的，如图 4.6 所示。通过观察我们知道，每种水果的确切尺寸都各不相同：我们承认对任何给定苹果分布的测量都存在随机性，但我们知道它们都大致相似。这就是**不可减少的不确定性，也即是**数据中固有的不确定性。

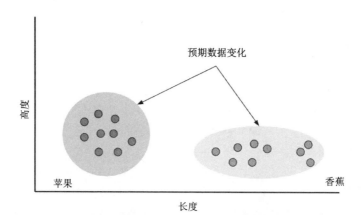

图 4.6　以水果形状为例说明随机不确定性

我们可以利用这些信息建立一个模型，并根据这些输入特征将水果分类为苹果或香蕉。但是，如果我们主要对苹果进行模型训练，而只对香蕉进行少量测量，会发生什么情况呢？如图 4.7 所示。

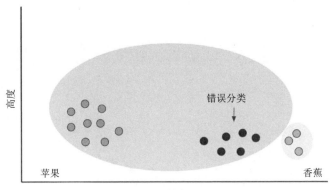

图 4.7 基于水果示例的高度认知不确定性说明

这里，我们看到，由于数据有限，我们的模型错误地将香蕉归类为苹果。虽然这些数据点位于模型的苹果边界内，但我们也看到它们与其他苹果相距甚远。这意味着，虽然它们被归类为苹果，但我们的模型(如果是贝叶斯模型)与这些数据点相关的预测不确定性很高。这种认知上的不确定性在实际应用中非常有用：它知道什么时候可以信任模型，什么时候应该对模型的预测审慎待之。与随机不确定性不同，认知不确定性是**可以减少的**——如果我们给模型提供更多香蕉的例子，它的类边界就会改善，认知不确定性就会接近随机不确定性。

在图 4.8 中，可以看到，由于我们的模型观察到了更多的数据，认知不确定性已经大大降低，它看起来更像图 4.6 中所示的随机不确定性。因此，认知不确定性非常有用，它既能说明我们对模型的信任程度，也是提高模型性能的一种手段。

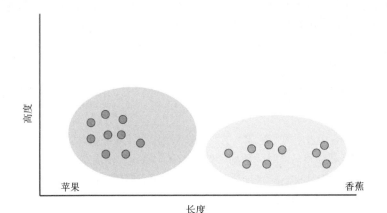

图 4.8 低认知不确定性图示

随着深度学习方法越来越多地应用于任务关键型和安全关键型应用中，我们使用的方法必须能够估计与其预测相关的认知不确定性程度。为了说明这一点，改变图 4.7 中的示例领域：如图 4.9 所示，我们现在不是对水果进行分类，而是对喷气式发动机是否在安全参数范围内运行进行分类。

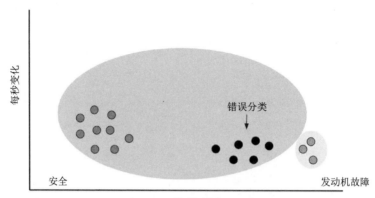

图 4.9　安全关键型应用中高认知不确定性的示例

这里，我们可以看到，认知不确定性可能是发动机出现故障的救命指标。如果没有这种不确定性估计，我们的模型将假定一切正常，就算考虑到其他参数，如果发动机的温度出现异常，也可能会导致产生灾难性后果。幸运的是，由于进行了不确定性估计，模型能够告诉我们出了问题，尽管它以前从未遇到过这种情况。

分离不确定性来源

在本节中，我们已经了解了不确定性的两个来源，并看到了认知不确定性对于理解如何解释我们的模型输出非常有用。那么，你可能想知道：有可能将不确定性来源分离吗？

一般来说，虽然在尝试将不确定性分解为认知不确定性和随机不确定性时，可能无法保证将其来源进行完全分离，但有些模型可以很好地解决这一点。集成学习就是一个很好的例子。

比方说，我们有一个由 M 个模型组成的集成，这些模型对数据 D 的输入 x 和输出 y 产生预测后验 $P(y|x, D)$。对于给定的输入，我们的预测将具有熵：

$$H[P(y|\boldsymbol{x}, D)] \approx H\left[\frac{1}{M}\sum_{m=1}^{M} P(y|\boldsymbol{x}, \theta^m)\right], \theta^m \sim p(\theta|D) \tag{4.6}$$

这里，H 表示熵，θ 表示模型参数。这是对我们已经讨论过的概念的正式表达，表明当我们的估计和/或认知不确定性较高时，预测后验的熵(换句话说，不确定性)也会较高。因此，这代表了**总不确定性**，也就是我们在本书中始终要处理的不确定性。我们可以用一种更符合本书内容的方式来表示——用预测标准差 σ 来表示：

$$\sigma = \sigma_a + \sigma_e \tag{4.7}$$

其中，a 和 e 分别表示随机不确定性和认知不确定性。

由于使用的是集成学习，因此可以在总不确定性的基础上更进一步。由于数据或参数初始化的不同，每个模型从数据中学到的内容都略有不同，这就是集成学习的独特之处。当我们得到每个模型的不确定性估计值时，可以求出这些不确定性估计值的期望值(即平均值)：

$$\mathbb{E}_{p(\theta|D)}[H[P(y|\boldsymbol{x}, \theta)]] \approx \frac{1}{M} \sum_{m=1}^{M} H[P(y|\boldsymbol{x}, \theta^m)], \theta^m \sim p(\theta|D) \tag{4.8}$$

这就是我们的**预期数据不确定性**——随机不确定性估计值。随着集成规模的增大，这种对不确定性的近似测量会变得更加精确。这是因为集成学习从不同的数据子集中学习的方式有所不同。如果不存在认知不确定性，那么模型就是一致的，这意味着它们的输出是完全相同的，总不确定性就只包括随机不确定性。

反之，如果存在一些认知不确定性，那么总不确定性就既包括随机不确定性，也包括认知不确定性。我们可以使用预期数据不确定性来确定总不确定性中存在多少认知不确定性。我们可以利用**互信息**来实现这一目的，互信息的计算公式为：

$$I[y, \theta|\boldsymbol{x}, D] = H[P(y|\boldsymbol{x}, D)] - \mathbb{E}_{p(\theta|D)}[H[P(y|\boldsymbol{x}, \theta)]] \tag{4.9}$$

也可以用式 4.7 来表示：

$$I[y, \theta|\boldsymbol{x}, D] = \sigma_e = \sigma - \sigma_a \tag{4.10}$$

正如你所见，这个概念非常简单：只需从总不确定性中减去随机不确定性！能够估计随机不确定性使得集成学习在不确定性量化方面更具吸引力，因为它使我们能够分解不确定性，从而提供通常无法获得的额外信息。在第 6 章"使用标准工具箱进行贝叶斯深度学习"中，我们将进一步了解贝叶斯深度学习采用的集成技术。对于非集成学习，我们只使用一般的预测不确定性 σ(结合随机不确定性和认知不确定性)，这在大多数情况下都是合适的。

在下一节中，我们将了解如何在评估模型时加入不确定性，以及如何在损失函数中加入不确定性以改进模型训练。

4.3.3　超越极大似然：似然的重要性

在上一节中，我们看到了在机器学习的实际应用中，不确定性量化如何有助于避免出现潜在的危险情况。再往前追溯到第 2 章和第 3 章，我们介绍了校准的概念，并看到了校准良好的方法的不确定性是如何随着推理数据偏离训练数据而增加的。图 4.7 展示了这一概念。

正如你在第 2 章中看到的(通过图 2.21)，用简单数据来说明校准概念很容易，但遗憾的是，在大多数应用中这样做并不容易，也不实际。要了解一种给定方法的校准效果如何，更实用的方法是使用一种包含其不确定性的指标，而这正是我们使用**似然法**所能得到的。

似然是某些参数描述某些数据的概率。如前所述，我们通常使用高斯分布来处理问题，因此我们对高斯似然感兴趣：高斯参数与某些观察数据相匹配的可能性。高斯似然公式如下：

$$p(y) = \frac{1}{\sqrt{2\pi}\sigma} \exp\left\{-\frac{(y-\mu)^2}{2\sigma^2}\right\} \tag{4.11}$$

下面看看图 4.2 和图 4.3 中参数值的分布情况，图 4.10 显示了与这些参数值相对应的高斯分布图。

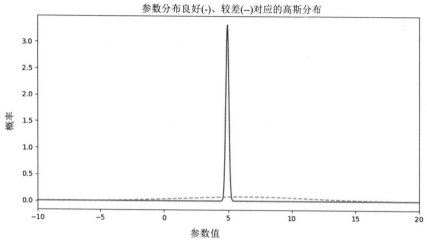

图 4.10 与图 4.2 和图 4.3 中的参数值相对应的高斯分布图

　　将这两个分布可视化可以突出显示两个参数集之间的不确定性差异：第一组参数的概率较高(实线)，而第二组参数的概率较低(虚线)。但这对于与模型输出相关的似然值意味着什么呢？要研究这些问题，需要将这些值插入式 4.11。为此需要一个 y 值。我们将使用目标值的平均值：24.03。对于 μ 和 σ 值，我们将分别取预测输出值的平均值和标准差：

$$p(\theta_1) = \frac{1}{\sqrt{2\pi} \times 1.37} \exp\left\{-\frac{(24.03 - 24.01)^2}{2 \times 1.37^2}\right\} = 0.29 \tag{4.12}$$

$$p(\theta_2) = \frac{1}{\sqrt{2\pi} \times 1.78} \exp\left\{-\frac{(24.03 - 31.11)^2}{2 \times 1.78^2}\right\} = 7.88 \times 10^{-5} \tag{4.13}$$

　　这里可以看到，第一组参数(θ_1)的似然比得分远高于第二组参数(θ_2)。这与图 4.10 一致，表明在给定数据的情况下，参数 θ_1 的概率高于参数 θ_2。换句话说，参数 θ_1 在将输入映射到输出方面做得更好。

　　这些例子说明了纳入不确定性估计的影响，使我们能够计算数据的似然。虽然由于平均值预测较差，误差有所增大，但我们的似然却下降了好几个数量级。这告诉我们，这些参数对数据的描述非常糟糕，它以一种更有原则的方式描述数据，而不是简单计算输出与目标之间的误差。

　　似然法的一个重要特点是，它能平衡模型的准确率和不确定性。过高置信的模型对其预测不正确数据的不确定性较低，似然法就会对这种过高置信的模型进行"惩罚"。同样，校准良好的模型对其预测正确的数据是置信的，而对其预测不正确的数据是不确定的。虽然模型仍然会因为预测错误而受到惩罚，但它们也会因为在正确的位置具有不确定性和没有过高置信而得到奖励。为了在实践中了解这一点，可以再次使用图 4.2 和图 4.3 中表格的目标输出值：$y = 24.03$，但我们也会使用一个不正确的预测值：$\hat{y} = 5.00$。可以看到，这产生了一个相当大的误差 $|y - \hat{y}| = |24.03 - 5.00| = 19.03$。当增加与这个预测相关的 σ^2 值时，我们的似然值会发生什么变化呢？

图 4.11 显示了这种变化。

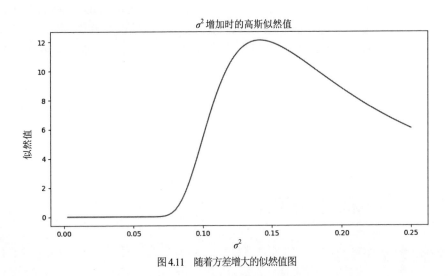

图 4.11　随着方差增大的似然值图

如图 4.11 所示，当 $\sigma^2 = 0.00$ 时，似然值非常小，但随着 σ^2 的增加，似然值会增加到 0.15 左右，然后再次下降。这表明，在预测不正确的情况下，就似然值而言，有一些不确定性总比没有好。因此，使用似然值可以训练出更好的校准模型。

同样，可以看到，如果固定我们的不确定性并改变预测，在本例中为 $\sigma^2 = 0.1$，我们的似然值会在正确值处达到峰值，随着预测 $\hat{y}$ 变得不那么准确以及误差 $|y - \hat{y}|$ 的增加，似然值会向任一方向下降，如图 4.12 所示。

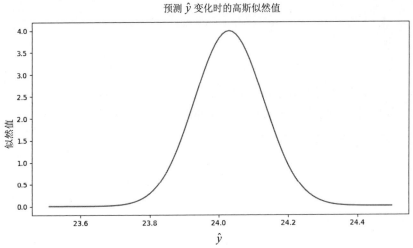

图 4.12　不同预测值的似然值图

实际上，我们通常不使用似然值，而是使用**负对数似然值(Negative Log-Likelihood，NLL)**。这是因为，对于损失函数，我们感兴趣的是找到最小值，而不是最大值。我们使用对数是因为这样可以使用加法而不是乘法，从而提高计算效率(利用对数特性 $\log(a*b)=\log(a)+\log(b)$)。因此，我们通常使用的公式是

$$\mathrm{NLL}(y) = -\log\left\{\frac{1}{2\pi\sigma}\right\} - \frac{(y-\mu)^2}{2\sigma^2} \tag{4.14}$$

现在，你已经熟悉了不确定性和似然的核心概念，可以开始下一节的学习了，我们将学习如何使用 TensorFlow Probability 库在代码中处理概率概念。

4.4 贝叶斯深度学习工具

在本章和第 2 章中，我们介绍了很多涉及概率的公式。虽然在没有概率库的情况下也可以创建贝叶斯深度学习模型，但如果有一个支持某些基本函数的库，事情就会变得简单得多。由于本书示例中使用的是 TensorFlow，因此我们将使用 **TensorFlow Probability(TFP)** 库来处理其中的一些概率组件。在本节中，我们将介绍 TFP，并展示如何使用它来轻松实现你在第 2 章和第 4 章中看到的许多概念。

到目前为止，大部分内容都是介绍使用分布这一概念。因此，我们要学习的第一个 TFP 模块就是 distributions 模块。一起来看看：

```
1 import tensorflow_probability as tfp
2 tfd = tfp.distributions
3 mu = 0
4 sigma = 1.5
5 gaussian_dist = tfd.Normal(loc=mu, scale=sigma)
```

这里，我们有一个使用 distributions 模块初始化高斯分布(或正态分布)的简单示例。现在可以从这个分布中采样——将使用 seaborn 和 matplotlib 可视化采样分布：

```
1 import seaborn as sns
2 samples = gaussian_dist.sample(1000)
3 sns.histplot(samples, stat="probability", kde=True)
4 plt.show()
```

绘制出的曲线图如图 4.13 所示。

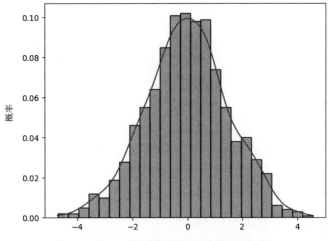

图 4.13　使用 TFP 从高斯分布中抽取采样的概率分布

可以看到，样本遵循的是由参数 μ=0 和 σ=1.5 定义的高斯分布。TFD 分布类中还包含一些有用函数的使用方法，如**概率密度函数(Probability Density Function，PDF)** 和**累积密度函数(Cumulative Density Function，CDF)**。下面从计算 PDF 的取值范围开始介绍：

```
 1 pdf_range = np.arange(-4, 4, 0.1)
 2 pdf_values = []
 3 for x in pdf_range:
 4     pdf_values.append(gaussian_dist.prob(x))
 5 plt.figure(figsize=(10, 5))
 6 plt.plot(pdf_range, pdf_values)
 7 plt.title("Probability density function", fontsize="15")
 8 plt.xlabel("x", fontsize="15")
 9 plt.ylabel("probability", fontsize="15")
10 plt.show()
```

通过使用前面的代码，可以绘制出图 4.14 所示的曲线图。

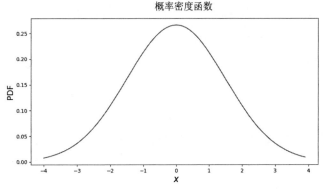

图 4.14　从 x=-4 到 x=4 的输入范围的概率密度函数值图

同样，我们也可以计算累积密度函数：

```
 1 cdf_range = np.arange(-4, 4, 0.1)
 2 cdf_values = []
 3 for x in cdf_range:
 4     cdf_values.append(gaussian_dist.cdf(x))
 5 plt.figure(figsize=(10, 5))
 6 plt.plot(cdf_range, cdf_values)
 7 plt.title("Cumulative density function", fontsize="15")
 8 plt.xlabel("x", fontsize="15")
 9 plt.ylabel("CDF", fontsize="15")
10 plt.show()
```

与概率密度函数相比，累积密度函数产生的是从 0 到 1 的累积概率值，如图 4.15 所示。

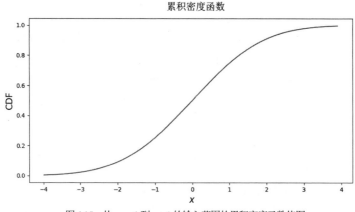

图 4.15　从 $x=-4$ 到 $x=4$ 的输入范围的累积密度函数值图

tfp.distributions 类还能轻松获取分布的参数，例如，可以通过下面的方法获取高斯分布的参数：

```
1 mu = gaussian_dist.mean()
2 sigma = gaussian_dist.stddev()
```

注意，这些函数将返回 tf.Tensor 对象，但可以通过.numpy()函数轻松访问 NumPy 值：

```
1 mu = mu.numpy()
2 sigma = sigma.numpy()
```

这就为 mu 和 sigma 变量提供了两个 NumPy 标量：分别为 0.0 和 1.5。

正如可以使用 prob()函数计算概率，从而获得概率密度函数一样，也可以使用 log_prob()函数轻松计算对数概率或对数似然值。这比每次编码完整的似然公式(如公式 4.14)要容易一些：

```
1 x = 5
2 log_likelihood = gaussian_dist.log_prob(x)
3 negative_log_likelihood = -log_likelihood
```

此处，首先求出某个值 x=5 的对数似然值，然后就像在梯度下降中那样求出 NLL。

在继续阅读本书的过程中，我们将进一步了解 TFP 所提供的功能——使用 distributions 模块从参数分布中采样，并探索强大的 tfp.layers 模块，该模块实现了常见神经网络层的概率版本。

4.5　小结

在本章中，我们学习了本书用到的基本概念，了解了如何实现和使用贝叶斯神经网络。最重要的是，我们了解了理想的贝叶斯神经网络，它介绍了贝叶斯深度学习的核心思想，以及在实践中实现这一目标的计算困难度。我们还介绍了贝叶斯深度学习中使用的基本实用方法，掌握了实现可计算处理的贝叶斯神经网络的基本概念。

本章还介绍了不确定性来源的概念，描述了数据和模型不确定性之间的区别，这些不确定性如何导致总不确定性，以及如何通过各种模型估算不同类型不确定性的贡献。我们还介绍了概率推理中最基本的组成部分——似然函数，并了解了它如何帮助我们训练出更有原则、校准更好的模型。最后，还学习了 TensorFlow Probability：这是一个强大的概率推理库，也是本书后面实际示例的重要组成部分。

既然我们已经了解了这些基础知识，那么就可以看看在实现几个关键的贝叶斯深度学习模型时如何应用我们迄今为止所接触到的概念。我们将了解这些方法的优缺点，以及如何将它们应用于各种实际问题。继续阅读第 5 章，我们将了解贝叶斯深度学习的两种关键原理方法。

4.6　延伸阅读

本章介绍了开始使用贝叶斯深度学习(Bayesian Deep Learning，BDL)所需的材料；然而，还有许多资源更深入地介绍了有关不确定性来源的主题。以下是为有兴趣深入探讨理论和代码的读者提供的一些建议：

- Kevin Murphy 的 *Machine Learning: A Probabilistic Perspective* 是一本非常受欢迎的机器学习书籍，已成为该领域学生和研究人员的必读书。本书从概率论的角度详细论述了机器学习，统一了统计学、机器学习和贝叶斯概率的概念。
- *TensorFlow Probability Tutorials*：在本书中，我们将看到如何使用 TensorFlow Probability 来开发 BNN，但他们的网站上有大量的概率论编程教程：https://www.tensorflow.org/probability/overview。
- *Pyro Tutorials*：Pyro 是一个基于 PyTorch 的概率编程库——它是贝叶斯推理的另一个强大工具，Pyro 网站上有许多关于概率推理的优秀教程和示例：https://pyro.ai/。

第**5**章

贝叶斯深度学习原理方法

既然已经介绍了贝叶斯神经网络(Bayesian Neural Network，BNN)的概念，那么我们就可以探索实现它们的各种方法了。正如之前所讨论的，理想的贝叶斯神经网络是计算密集型的，在具有更复杂的架构或更大数据量的情况下变得难以实现。近年来，研究人员已经开发出一系列方法，使贝叶斯神经网络变得简单易行，从而可以使用更大、更复杂的神经网络架构来实现它们。

在本章中，我们将探讨两种特别流行的方法：**概率反向传播(Probabilistic Backpropagation，PBP)**和**贝叶斯反向传播(Bayes by Backprop，BBB)**。这两种方法都可称为概率神经网络模型：它们是旨在学习权重概率的神经网络，而不是简单地学习点估计值(正如你在第 4 章学到的，这是贝叶斯神经网络的基本定义特征)。由于它们在训练时明确地学习权重的分布，因此我们将其称为原理方法；与之不同的是，我们将在下一章探讨更松散地近似于神经网络贝叶斯推理的方法。

本章主要内容：
- 解释符号
- 深度学习中熟悉的概率概念
- 通过反向传播进行贝叶斯推理
- 用 TensorFlow 实现贝叶斯反向传播
- 利用概率反向传播实现可扩展的贝叶斯深度学习
- 实现概率反向传播

首先，快速回顾一下本章的技术要求。

5.1 技术要求

要完成本章的实践任务，你需要在 Python 3.8 环境中安装 Python SciPy 栈和以下 Python 软件包：
- TensorFlow 2.0
- TensorFlow Probability

所有代码都可以在本书的 GitHub 仓库中找到，网址为 https://github.com/PacktPublishing/

Enhancing-Deep-Learning-with-Bayesian-Inference；也可以通过扫描本书封底的二维码进行下载。

5.2 解释符号

虽然已经在前面的章节中介绍了本书中使用的大部分符号，但我们还将在后面的章节中介绍更多与贝叶斯深度学习相关的符号。因此，我们在此提供了符号概述，以供参考：

- μ：平均值。为了便于将本章与最初的概率反向传播论文交叉引用，在讨论概率反向传播时将其表示为 m。
- σ：标准差。
- σ^2：方差(指标准差的平方)。为便于将本章与论文交叉引用，在讨论概率反向传播时用 v 表示。
- x：模型的单一向量输入。如果考虑多个输入，我们将用 X 表示由多个向量输入组成的矩阵。
- $\hat{x}$：输入 x 的近似值。
- y：单个标量目标。当考虑多个目标时，我们将使用 y 来表示多个标量目标的向量。
- $\hat{y}$：模型的单个标量输出。当考虑多个输出时，我们将使用 $\hat{y}$ 表示多个标量输出的向量。
- z：模型中间层的输出。
- P：某种理想或目标分布。
- Q：近似分布。
- $KL[Q // P]$：目标分布 P 与近似分布 Q 之间的 KL 散度。
- $\mathcal{L}$：损失。
- $\mathbb{E}$：期望值。
- $\mathcal{N}(\mu, \sigma)$：正态分布(或高斯分布)，参数为平均值 μ 和标准差 σ。
- θ：一组模型参数。
- Δ：梯度。
- ∂：偏导数。
- $f()$：某个函数(例如，$y = f(x)$ 表示 y 是通过对输入 x 应用函数 $f()$ 而产生的)。

我们会遇到这种符号的不同变体，它们使用不同的下标或变量组合。

5.3 深度学习中熟悉的概率概念

虽然本书介绍了许多你可能并不熟悉的概念，但你会发现，这里讨论的一些想法并不陌生。尤其是**变分推理(Variational Inference, VI)**，由于它在**变分自编码器(Variational Autoencoders, VAE)**中的应用，你可能对它并不陌生。

作为快速复习，VAE 是一种生成式模型，它可以学习编码，然后生成可信的数据。与标准自编码器一样，VAE 也包含一个编码器-解码器架构。图 5.1 显示了自编码器的架构。

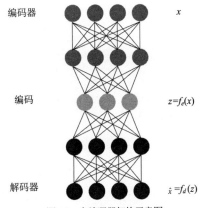

编码器

编码　　　　　$z = f_e(x)$

解码器　　　　$\hat{x} = f_d(z)$

x

图 5.1　自编码器架构示意图

在标准自编码器中，模型先学习从编码器到潜在空间的映射，然后再学习从潜在空间到解码器的映射。

正如你在这里看到的，我们的输出简单定义为 $\hat{x} = f_d(z)$，其中编码 z 简单定义为：$z = f_e(x)$，其中 $f_e(\ )$ 和 $f_d(\ )$ 分别是编码器和解码器函数。如果我们想使用潜在空间中的值生成新数据，只需向解码器的输入端注入一些随机值；绕过编码器，从潜在空间中随机采样即可，如图 5.2 所示。

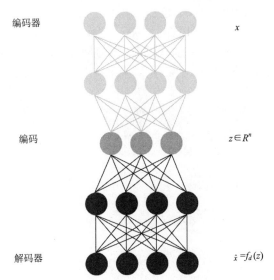

编码器

编码　　　　　$z \in R^n$

解码器　　　　$\hat{x} = f_d(z)$

x

图 5.2　从标准自编码器的潜在空间采样的示意图

这种方法的问题在于，标准自编码器并不能很好地学习潜在空间的结构。这意味着，虽然我们可以在这个空间中随机采样，但并不能保证这些采样点会对应于解码器可以处理的内容，从而生成可信数据。

在 VAE 中，潜在空间被建模为分布。因此，原来的 $z = f_e(x)$ 变成了 $z \approx \mathcal{N}(\mu_x, \sigma_x)$；也就是说，潜在空间 z 现在变成了以输入 x 为条件的高斯分布。现在，当想要使用我们训练过的网络生成数据时，可以简单地从正态分布中抽样。

为此，我们需要确保潜在空间近似于高斯分布。为此，在训练过程中使用 **KL(Kullback-Leibler, KL)散度**，将其作为正则化项：

$$\mathcal{L} = \|x - \hat{x}\|^2 + \text{KL}[Q\|P] \tag{5.1}$$

这里，P 是我们的目标分布(在本例中是多元高斯分布)，我们试图用 Q 来近似它，Q 是与潜在空间相关的分布，在本例中如下所示：

$$Q = z \approx \mathcal{N}(\mu, \sigma) \tag{5.2}$$

因此，损失现在变成了：

$$\mathcal{L} = \|x - \hat{x}\|^2 + \text{KL}[q(z|x)\|p(z)] \tag{5.3}$$

我们可以将其展开如下：

$$\mathcal{L} = \|x - \hat{x}\|^2 + \text{KL}[\mathcal{N}(\mu, \sigma)\|\mathcal{N}(0, I)] \tag{5.4}$$

这里，I 是单位矩阵。这将使我们的潜在空间收敛于高斯先验，同时也使重建损失最小化。此外，KL 散度可以重写如下：

$$\text{KL}[q(z|x)\|p(z)] = \mathop{\mathbb{E}}_{q(z|x)} \log q(z|x) - \mathop{\mathbb{E}}_{q(z|x)} \log p(z) \tag{5.5}$$

式右边的项是 $\log q(z|x)$ 和 $\log p(z)$ 的期望值(或平均值)。正如你在第 2 章和第 4 章中所知道的，我们可以通过采样得到给定分布的期望值。因此，可以看到 KL 散度的所有项都是针对近似分布 $q(z|x)$ 计算的期望值，我们可以通过从 $q(z|x)$ 采样来近似 KL 散度，这正是我们要做的！

现在，我们的编码由式 5.2 所示的分布表示，神经网络结构必须改变。我们需要学习分布的平均值(μ)和标准差(σ)参数。图 5.3 为带有平均值和标准权重的自编码器架构示意图。

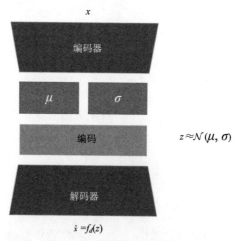

图 5.3　带有平均值和标准差权重的自编码器架构示意图

以这种方式构建 VAE 的问题在于，我们的编码 z 现在是随机的，而不是确定的。这是一个问题，因为我们无法获得随机变量的梯度——如果无法获得梯度，就没有数据可以反向传播——因此我们无法学习！

我们可以用**重新参数化技巧**来解决这个问题。重新参数化技巧涉及修改计算 z 的方式。我们将不再从分布参数中采样 z，而是按如下方式定义它：

$$z = \mu + \sigma \odot \epsilon \qquad (5.6)$$

如你所见，我们引入了一个新变量 ϵ，它是从 μ=0 和 σ=1 的高斯分布中采样的：

$$\epsilon = \mathcal{N}(0, 1) \qquad (5.7)$$

通过引入 ϵ，可以将随机性移出反向传播路径。由于随机性只存在于 ϵ 中，因此可以像正常情况一样通过权重进行反向传播，如图 5.4 所示。

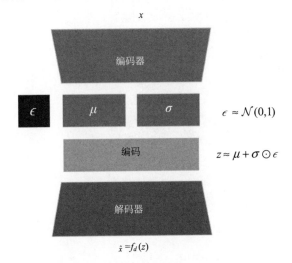

图 5.4　将采样部分移出反向传播路径后，具有平均值和标准差权重的典型 VAE 架构示意图

这意味着我们可以将编码表示为分布，同时还能反向传播 z 的梯度：学习参数 μ 和 σ，并使用 ϵ 从分布中采样。将 z 表示为一个分布意味着我们可以用它来计算 KL 散度，这样就可以在式 5.1 中加入正则化项，进而使嵌入在训练过程中向高斯分布收敛。

这些是变分学习的基本步骤，也是将标准自编码器转化为 VAE 的关键。但这并不是学习的全部内容。对于 VAE 而言，最重要的是，由于我们已经学会了正态分布的潜在空间，因此现在可以从该潜在空间进行有效采样，从而能够使用 VAE 根据训练过程中学到的数据景观生成新数据。与使用标准自编码器时的弱性随机采样不同，VAE 现在能够生成可信的数据！

为此，我们从正态分布中采样 ϵ，然后将 σ 乘以该值。这样，就得到了一个 z 样本，并通过解码器，在输出端得到生成的数据 $\hat{x}$。

现在我们已经熟悉了变分学习的基本原理，下一节将了解如何应用这些原理来创建贝叶斯神经网络。

5.4　通过反向传播进行贝叶斯推理

在 2015 年的论文 *Weight Uncertainty in Neural Networks* 中，Charles Blundell 和他在 DeepMind

的同事介绍了一种使用变分学习进行神经网络贝叶斯推理的方法。该方法通过标准的反向传播来学习贝叶斯神经网络参数，因而命名为贝叶斯反向传播(Bayes By Backprop, BBB)。

在上一节中，我们看到了如何使用变分学习来估计编码 z 的后验分布，即学习 $P(z\,|\,x)$。对于贝叶斯反向传播，我们要做的也是同样的事情，只不过这次我们关心的不仅仅是编码。这次需要学习网络所有参数(或权重)的后验分布：$P(\theta\,|\,D)$。

我们可以把这看作是由 VAE 编码层组成的整个网络，如图 5.5 所示。

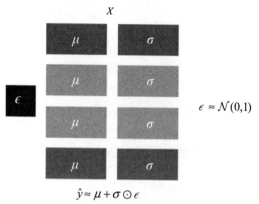

图 5.5 贝叶斯反向传播示意图

因此，学习策略理应与我们在 VAE 中使用的策略相似。再次使用变分学习原理来学习 Q 的参数和真实分布 P 的近似值，但这次我们要寻找参数 θ^* 使得下式最小化：

$$\theta^* = \arg\min_{\theta} \quad \mathrm{KL}[q(w|\theta)||P(w|D)] \tag{5.8}$$

这里，D 是数据，w 是网络权重，θ 是分布参数，例如高斯分布中的 μ 和 σ。为此，我们使用了贝叶斯学习中一个重要的成本函数：**证据下界**[1]或 **ELBO**(也称为变分自由能量)。我们用下式表示：

$$\mathcal{L}(D, \theta) = \mathrm{KL}[q(w|\theta)||P(w)] - \mathop{\mathbb{E}}_{q(w|\theta)}[\log P(D|w)] \tag{5.9}$$

这看起来相当复杂，但实际上只是我们在式 5.4 中看到的内容的概括。可以将其分解如下：

(1) 左侧是先验 $P(w)$ 与近似分布 $q(w|\theta)$ 之间的 KL 散度。这与我们在上一节式 5.1～式 5.4 中看到的类似。将 KL 散度纳入损失中，我们就可以调优参数 θ，使近似分布收敛于先验分布。

(2) 在右侧，我们得到了与变分分布相关的神经网络权重 w 下数据 D 负对数似然的期望值。将其最小化(因为它是负对数似然)可确保我们学习的参数能最大化给定权重下的数据似然；我们的网络会学习如何将输入映射到输出。

与 VAE 一样，贝叶斯反向传播利用重参数化技巧，通过网络参数来反向传播梯度。与之前一样，我们从分布中采样。根据式 5.5 中引入的 KL 散度形式，我们的损失计算如下：

---

1 指导读者完成 ELBO 的推导超出了本书的讨论范围，但我们鼓励读者参阅延伸阅读部分，以了解更全面的 ELBO 概述。

$$\mathcal{L}(D, \theta) \approx \sum_{i=1}^{N} \log q(w_i|\theta) - \log P(w_i) - \log P(D|w_i) \tag{5.10}$$

$\mathcal{N}$ 是样本数，i 表示特定样本。虽然这里使用的是高斯先验，但这种方法的一个有趣特性是，它可以应用于多种分布。

下一步是使用权重样本来训练网络：

(1) 首先，与 VAE 一样，我们从高斯分布中采样 ϵ：

$$\epsilon \approx \mathcal{N}(0, I) \tag{5.11}$$

(2) 接下来，将 ϵ 应用于特定层的权重，就像我们的 VAE 编码一样：

$$w = \mu + \log(1 + \exp(\rho)) \odot \epsilon \tag{5.12}$$

注意，在贝叶斯反向传播中，σ 的参数为 $\sigma = \log(1+\exp(\rho))$。这确保了它始终为非负值(因为标准差不可能为负值！)。

(3) 利用参数 $\theta = (\mu, \rho)$，按照式 3.10 对损失定义如下：

$$f(w, \theta) = \log q(w|\theta) - \log P(w)P(D|w) \tag{5.13}$$

(4) 由于我们的神经网络由平均值和标准差的权重组成，因此需要分别计算它们的梯度。首先计算平均值的梯度 μ：

$$\Delta_\mu = \frac{\partial f(w, \theta)}{\partial w} + \frac{\partial f(w, \theta)}{\partial \mu} \tag{5.14}$$

然后计算标准差参数的梯度 ρ：

$$\Delta_\rho = \frac{\partial f(w, \theta)}{\partial w} \frac{\epsilon}{1 + \exp(-\rho)} + \frac{\partial f(w, \theta)}{\partial \rho} \tag{5.15}$$

(5) 现在，我们已经拥有了通过反向传播更新权重所需的所有组件，其方式与典型的神经网络类似，只不过我们是通过各自的梯度来更新平均值和方差权重：

$$\mu \leftarrow \mu - \alpha\Delta_\mu \tag{5.16}$$

$$\rho \leftarrow \rho - \alpha\Delta_\rho \tag{5.17}$$

你可能已经注意到，式 5.14 和式 5.15 中梯度计算的第一项就是典型神经网络反向传播计算的梯度；我们只是用 μ 和 ρ 特定的更新规则来增强这些梯度。

虽然数学公式相当繁杂，但我们可以将其分解为几个简单的概念：

(1) 与 VAE 的编码一样，我们使用的权重代表多元分布的平均值和标准差，只不过这次它们组成了整个网络，而不仅仅是编码层。

(2) 正因为如此，我们再次使用了包含 KL 散度的损失：我们希望最大化 ELBO。

(3) 由于我们要处理的是平均值权重和标准差权重，因此使用更新规则分别更新这两个权重，更新规则使用的是各自权重集的梯度。

我们已经理解了贝叶斯反向传播背后的核心原理，现在可以看看代码是如何实现这一切的！

5.5　使用 TensorFlow 实现贝叶斯反向传播

在本节中，我们将了解如何在 TensorFlow 中实现贝叶斯反向传播。你将看到的部分代码并不陌生；层、损失函数和优化器的核心概念与我们在第 3 章"深度学习基础"中所涉及的内容非常相似。与第 3 章中的示例不同，你将看到如何创建能够进行概率推理的神经网络。

步骤 1：导入软件包

首先导入相关的软件包。重要的是，我们将导入 tensorflow-probability，它将为我们提供用分布替换点估计值的网络层，并实现重参数化技巧。我们还将设置推理次数的全局参数，这将决定稍后从网络中采样的频率：

```
1 import tensorflow as tf
2 import numpy as np
3 import matplotlib.pyplot as plt
4 import tensorflow_probability as tfp
5
6 NUM_INFERENCES = 7
```

步骤 2：获取数据

然后，下载 MNIST Fashion 数据集，该数据集包含十种不同服装的图像。我们还设置了类名，并得出了训练示例和类的数量：

```
 1 # download MNIST fashion data set
 2 fashion_mnist = tf.keras.datasets.fashion_mnist
 3 (train_images, train_labels), (test_images, test_labels) = fashion_mnist.load_data()
 4
 5 # set class names
 6 CLASS_NAMES = ['T-shirt', 'Trouser', 'Pullover', 'Dress', 'Coat',
 7                'Sandal', 'Shirt', 'Sneaker', 'Bag', 'Ankle boot']
 8
 9 # derive number training examples and classes
10 NUM_TRAIN_EXAMPLES = len(train_images)
11 NUM_CLASSES = len(CLASS_NAMES)
```

步骤 3：辅助函数

接下来，我们创建一个定义模型的辅助函数。如你所见，我们使用了一种非常简单的卷积神经网络结构来进行图像分类，它由一个卷积层、一个最大池化层和一个全连接层组成。卷积层和稠密层是从 tensorflow-probability 软件包中导入的，前缀为 *tfp*。它们将定义权重分布，而不是定义权重的点估计值。

正如 Convolution2DReparameterization 和 DenseReparameterization 这两个名称所示，这些层将使用重参数化技巧在反向传播过程中更新权重参数：

```
1  def define_bayesian_model():
2    # define a function for computing the KL divergence
3    kl_divergence_function = lambda q, p, _: tfp.distributions.kl_divergence(
4      q, p
5    ) / tf.cast(NUM_TRAIN_EXAMPLES, dtype=tf.float32)
6
7    # define our model
8    model = tf.keras.models.Sequential([
9      tfp.layers.Convolution2DReparameterization(
10           64, kernel_size=5, padding='SAME',
11           kernel_divergence_fn=kl_divergence_function,
12           activation=tf.nn.relu),
13     tf.keras.layers.MaxPooling2D(
14          pool_size=[2, 2], strides=[2, 2],
15          padding='SAME'),
16     tf.keras.layers.Flatten(),
17     tfp.layers.DenseReparameterization(
18          NUM_CLASSES, kernel_divergence_fn=kl_divergence_function,
19          activation=tf.nn.softmax)
20   ])
21   return model
```

我们还创建了另一个辅助函数,使用 Adam 作为优化器和分类交叉熵损失为我们编译模型。有了这个损失和前面的网络结构,tensorflow-probability 就会自动将卷积层和稠密层中包含的 KL 散度添加到交叉熵损失中。这种组合实际上相当于我们在式 5.9 中描述的 ELBO 损失计算:

```
1  def compile_bayesian_model(model):
2    # define the optimizer
3    optimizer = tf.keras.optimizers.Adam()
4    # compile the model
5    model.compile(optimizer, loss='categorical_crossentropy',
6                  metrics=['accuracy'], experimental_run_tf_function=False)
7    # build the model
8    model.build(input_shape=[None, 28, 28, 1])
9    return model
```

步骤 4：模型训练

在训练模型之前,首先需要将训练数据的标签从整数转换为独热向量,因为这是 TensorFlow 期望分类交叉熵损失所做的操作。例如, 如果一张图片显示的是一件 T 恤,而 T 恤的整数标签是 1, 那么这个标签就会被转换成这样:

```
[1, 0, 0, 0, 0, 0, 0, 0, 0, 0]:
```

```
1  train_labels_dense = tf.one_hot(train_labels, NUM_CLASSES)
```

现在，准备在训练数据上训练模型。我们将训练 10 个迭代周期：

```
1 # use helper function to define the model architecture
2 bayesian_model = define_bayesian_model()
3 # use helper function to compile the model
4 bayesian_model = compile_bayesian_model(bayesian_model)
5 # initiate model training
6 bayesian_model.fit(train_images, train_labels_dense, epochs=10)
```

步骤 5：推理

然后，我们可以使用训练好的模型对测试图像进行推理。这里，我们要预测测试划分中前 50 张图像的类别标签。对于每张图像，我们都要从网络中采样七次(由 NUM_INFERENCES 决定)，这样就能对每张图像做出七次预测：

```
1 NUM_SAMPLES_INFERENCE = 50
2 softmax_predictions = tf.stack(
3     [bayesian_model.predict(test_images[:NUM_SAMPLES_INFERENCE])
4     for _ in range(NUM_INFERENCES)],axis=0)
```

就这样：我们就有了一个可用有效的贝叶斯反向传播模型！可以直观地看到测试划分中的第一张图像以及对该图像的七种不同预测。首先，我们获得类别预测：

```
1 # get the class predictions for the first image in the test set
2 image_ind = 0
3 # collect class predictions
4 class_predictions = []
5 for ind in range(NUM_INFERENCES):
6    prediction_this_inference = np.argmax(softmax_predictions[ind][image_ind])
7    class_predictions.append(prediction_this_inference)
8 # get class predictions in human-readable form
9 predicted_classes = [CLASS_NAMES[ind] for ind in class_predictions]
```

然后，将图像和每个推理的预测类别可视化：

```
 1 # define image caption
 2 image_caption = []
 3 for caption in range(NUM_INFERENCES):
 4    image_caption.append(f"Sample {caption+1}: {predicted_classes[caption]}\n")
 5 image_caption = ' '.join(image_caption)
 6 # visualise image and predictions
 7 plt.figure(dpi=300)
 8 plt.title(f"Correct class: {CLASS_NAMES[test_labels[image_ind]]}")
 9 plt.imshow(test_images[image_ind], cmap=plt.cm.binary)
10 plt.xlabel(image_caption)
11 plt.show()
```

观察图 5.6 中的图像，在大多数样本中，网络预测的类别是"高帮靴"(正确类别)。在其中两个样本中，网络还预测了"Sneaker"(运动鞋)，鉴于图像显示的是一只鞋，这在一定程度上是合理的。

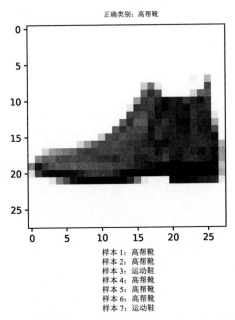

样本 1：高帮靴
样本 2：高帮靴
样本 3：运动鞋
样本 4：高帮靴
样本 5：高帮靴
样本 6：高帮靴
样本 7：运动鞋

图 5.6　在 MNIST fashion 数据集的第一张测试图像上，使用贝叶斯反向传播方法训练的网络
对七个不同样本的类别预测结果

鉴于我们现在对每张图像都有七个预测值，还可以计算这些预测值的平均方差，以近似得出不确定值：

```
1  # calculate variance across model predictions
2  var_predictions = tf.reduce_mean(
3      tf.math.reduce_variance(softmax_predictions, axis=0),
4      axis=1)
```

例如，MNIST fashion 数据集中第一张测试图像的不确定值为 0.000,000,2。为了将这个不确定值与上下文联系起来，从常规 MNIST 数据集中加载一些图像，其中包含 0 到 9 之间的手写数字，并从我们训练的模型中获取不确定值。加载数据集，然后再次执行推理并获得不确定值：

```
1  # load regular MNIST data set
2  (train_images_mnist, train_labels_mnist),
3  (test_images_mnist, test_labels_mnist) =
4  tf.keras.datasets.mnist.load_data()
5
6  # get model predictions in MNIST data
7  softmax_predictions_mnist =
8      tf.stack([bayesian_model.predict(
```

```
9          test_images_mnist[:NUM_SAMPLES_INFERENCE])
10       for _ in range(NUM_INFERENCES)], axis=0)
11
12 # calculate variance across model predictions in MNIST data
13 var_predictions_mnist = tf.reduce_mean(
14    tf.math.reduce_variance(softmax_predictions_mnist, axis=0),
15    axis=1)
```

然后，我们可以直观地比较 fashion MNIST 数据集中前 50 幅图像与常规 MNIST 数据集之间的不确定值。

在图 5.7 中，可以看到常规 MNIST 数据集中的不确定值要比 fashion MNIST 数据集中的不确定值大很多。这是意料之中的，因为我们的模型在训练过程中只看到了 fashion MNIST 图像，而常规 MNIST 数据集中的手写数字对于我们训练的模型来说是分布外的。

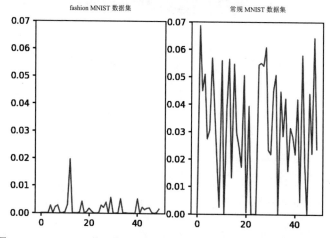

图 5.7　fashion MNIST 数据集(左)与常规 MNIST 数据集(右)中图像的不确定值比较

贝叶斯反向传播可能是最常见的高度原则性贝叶斯深度学习方法，但对于那些关注更好原理方法的人来说，它并不是唯一的选择。在下一节中，我们将介绍另一种具备高度原则性的方法，并了解它具有的与贝叶斯反向传播不同的性质。

5.6　使用概率反向传播扩展贝叶斯深度学习

贝叶斯反向传播已经很好地介绍了神经网络贝叶斯推理，但变分方法有一个致命的缺点，即在训练和推理时依赖采样。与标准的神经网络不同，我们需要使用一定范围的ϵ值对权重参数进行采样，以生成概率训练和推理所需的分布。

就在引入贝叶斯反向传播的同时，哈佛大学的研究人员也在研究他们自己的神经网络贝叶斯推理法：**概率反向传播**，简称 **PBP(Probabilistic Backpropagation, PBP)**。与贝叶斯反向传播一样，概率反向传播的权重构成了分布参数，这里指的是平均值和方差权重(使用方差σ^2，而不

是 σ)。事实上，它们之间的相似之处不止于此——我们会看到概率反向传播与贝叶斯反向传播有很多相似的地方，但关键问题是，我们最终会采用一种不同的 BNN 近似方法，它也有自己的优缺点。那么，开始吧。

为了简单起见，也为了与各种概率反向传播论文保持一致，我们将在研究概率反向传播核心内容的同时，坚持使用单个权重。图 5.8 是一个小型神经网络中这些权重之间关系的可视化图。

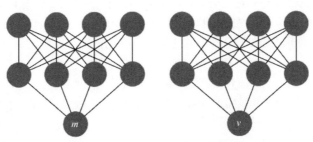

$$q(y\,|\,x) \approx \mathcal{N}\,(w\,|\,m,\,v)$$

图 5.8 概率反向传播中的神经网络权重示意图

与之前一样，可以看到我们的网络基本上由两个子网络构建而成：一个是平均权重网络(m)，另一个是方差权重网络(v)。概率反向传播背后的核心思想是，每个权重都有一个可尝试近似的分布 $P(w|D)$：

$$q(w) = \mathcal{N}(w|m,v) \tag{5.18}$$

这个符号现在应该很熟悉了，$P()$是真实(难以处理的)分布，$q()$是近似分布。在概率反向传播的例子中，如式 5.18 所示，这是一个以平均值 m 和方差 v 为参数的高斯分布。

在贝叶斯反向传播中，我们看到了通过 ELBO 进行的变分学习如何使用 KL 散度来确保权重分布收敛于先验 $P(w)$。在概率反向传播中，我们将再次使用 KL 散度，不过这次采取间接的使用方法。我们会通过使用一种名为**假设密度滤波(Assumed Density Filtering，ADF)**的过程来实现这一目标。

ADF 是一种快速序列方法，用于最小化真实后验 $P(w|D)$ 与某种近似值 $q(w|D)$ 之间的 KL 散度。这里的关键点在于它是一种序列算法：就像我们在标准神经网络中使用的梯度下降算法一样，ADF 也按序列更新其参数，这使得它特别适用于神经网络。ADF 算法可分为两个关键步骤：

(1) 初始化我们的参数，$m=0$，$v=1$；也就是说，从单位高斯 $\mathcal{N}(0,1)$ 开始。

(2) 接下来，遍历每个数据点 $x_i \in x$，使用一组特定的更新公式来更新我们的模型参数 m 和 v。

虽然提供 ADF 的完整推导超出了本书的讨论范围，但你应该知道，当通过 ADF 更新参数时，我们也最小化了 KL 散度。

因此，对于概率反向传播，需要适应典型的神经网络更新规则，使权重按照 ADF 的思路更新。我们使用以下更新规则来实现这一目标，这些规则源自原始的 ADF 公式：

$$m^{new} = m + v\frac{\partial \log Z}{\partial m} \tag{5.19}$$

$$v^{new} = v - v^2 \left[\left(\frac{\partial \log Z}{\partial m} \right) - 2\frac{\partial \log Z}{\partial v} \right] \tag{5.20}$$

这里，$\log Z$ 表示高斯边际似然，其定义如下：

$$\log Z = -\log p(y|m,v) = -0.5 \times \frac{\log v + (y-m)^2}{v} \tag{5.21}$$

这就是**负对数似然(Negative Log-Likelihood，NLL)**。式 5.21 对于如何学习概率反向传播参数至关重要，因为它是我们试图优化的损失函数，所以需要花点时间来理解一下它的含义。正如贝叶斯反向传播损失(式 5.9)一样，可以看到 $\log Z$ 的损失包含了几个重要信息：

(1) 在分子中，可以看到 $(y-m)^2$。这类似于我们在标准神经网络训练中常见的典型损失(L2 损失)。它包含了目标值 y 和我们对该值的平均估计值 m 之间的惩罚。

(2) 整个公式为我们提供了 NLL 函数，它将目标值 y 的联合概率描述为以 m 和 v 为参数的分布函数。

这个函数有一些重要性质，我们可以通过几个简单的例子来进行探讨。来看看给定目标值 $y=0.6$ 时，任意参数 $m=0.8$ 和 $v=0.4$ 对应的损失：

$$-0.5 \times \frac{\log v + (y-m)^2}{v} = -0.5 \times \frac{\log(0.4) + (0.6-0.8)^2}{0.4} = 1.095 \tag{5.22}$$

在这一公式中，可以看到典型误差(在本例中为平方误差)为 $(0.6-0.8)^2=0.04$，随着 m 向 y 逼近，误差会缩小。除此以外，对数似然也会缩放误差。这一点很重要，因为一个条件良好的不确定性量化模型在出现错误时会变得更加不确定，而在正确时会具有更高置信。似然函数为我们提供了实现这一目标的方法，以确保当我们不确定错误预测以及确定错误预测之时，似然值更大。

可以通过替换另一个 v 值来观察 NLL 的变化。例如，将方差增加到 $v=0.9$：

$$-0.5 \times \frac{\log(0.9) + (0.6-0.8)^2}{0.9} = 0.036 \tag{5.23}$$

方差的显著增加同样会导致 NLL 大大降低。同样，如果正确预测 $m=y$ 的方差较大，就会看到 NLL 再次增加：

$$-0.5 \times \frac{\log(0.9) + (0.8-0.8)^2}{0.9} = 0.059 \tag{5.24}$$

希望通过这个例子，你能了解使用 NLL 损失如何转化为对输出结果的校准不确定性估计。事实上，通过使用方差来缩放目标函数是所有原则性的 BNN 方法的基本组成部分：贝叶斯反向传播也能做到这一点，不过由于需要采样，在纸面上演示起来要困难一些。

在实现过程中，你可能会遇到一些概率反向传播的简单细节。它们与 ADF 过程相关，推荐阅读"延伸阅读"部分的文章，了解概率反向传播和 ADF 的全面推导。

在理解了概率反向传播的核心概念之后，接下来看看如何用 TensorFlow 实现它。

5.7 实现概率反向传播

由于概率反向传播相当复杂，可以以类的形式进行实现。这样一来，示例代码会比较整洁，且使我们能够轻松地将各个代码块分隔开来。它也会使实验变得更加简单，例如，如果想要探索如何改变网络中的单元数或层数。

步骤 1：导入库

首先要导入各种库。在本例中，我们将使用 scikit-learn 的加州住房数据集来预测房价：

```
1 from typing import List, Union, Iterable
2 import math
3 from sklearn import datasets
4 from sklearn.model_selection import train_test_split
5 import tensorflow as tf
6 import numpy as np
7 from tensorflow.python.framework import tensor_shape
8 import tensorflow_probability as tfp
```

为了确保每次导入都有相同的输出，我们需要初始化种子：

```
1 RANDOM_SEED = 0
2 np.random.seed(RANDOM_SEED)
3 tf.random.set_seed(RANDOM_SEED)
```

然后，加载数据集，创建训练和测试划分：

```
1 # load the California Housing dataset
2 X, y = datasets.fetch_california_housing(return_X_y=True)
3 # split the data (X) and targets (y) into train and test sets
4 X_train, X_test, y_train, y_test = train_test_split(
5     X, y, test_size=0.1, random_state=0
6 )
```

步骤 2：辅助函数

接下来，我们定义两个辅助函数，一个用于输入数据，另一个用于输出数据，以确保数据格式正确：

```
1 def ensure_input(x, dtype, input_shape):
2     # a function to ensure that our input is of the correct shape
3     x = tf.constant(x, dtype=dtype)
4     call_rank = tf.rank(tf.constant(0, shape=input_shape, dtype=dtype)) + 1
5     if tf.rank(x) < call_rank:
6         x = tf.reshape(x, [-1, * input_shape.as_list()])
7     return x
```

```
8
9
10  def ensure_output(y, dtype, output_dim):
11      # a function to ensure that our output is of the correct shape
12      output_rank = 2
13      y = tf.constant(y, dtype=dtype)
14      if tf.rank(y) < output_rank:
15          y = tf.reshape(y, [-1, output_dim])
16      return y
```

我们还将创建一个用于初始化 γ 分布的简短类：ReciprocalGammaInitializer。该分布为概率反向传播的准确率参数 λ 和噪声参数 γ 的先验。

```
1  class ReciprocalGammaInitializer:
2      def __init__(self, alpha, beta):
3          self.Gamma = tfp.distributions.Gamma(concentration=alpha, rate=beta)
4
5      def __call__(self, shape: Iterable, dtype=None):
6          g = 1.0 / self.Gamma.sample(shape)
7          if dtype:
8              g = tf.cast(g, dtype=dtype)
9
10         return g
```

要大致理解概率反向传播，并不需要对这些变量进行深入处理。有关这方面的更多详情，请参阅"延伸阅读"部分所列的概率反向传播论文。

步骤3：数据准备

有了这些先决条件，就可以对数据进行归一化处理了。在此，将数据归一化为零平均值和单位标准差。这是一个常见的预处理步骤，可使模型更容易找到正确的权重集：

```
1  def get_mean_std_x_y(x, y):
2      # compute the means and standard deviations of our inputs and targets
3      std_X_train = np.std(x, 0)
4      std_X_train[std_X_train == 0] = 1
5      mean_X_train = np.mean(x, 0)
6      std_y_train = np.std(y)
7      if std_y_train == 0.0:
8          std_y_train = 1.0
9      mean_y_train = np.mean(y)
10     return mean_X_train, mean_y_train, std_X_train, std_y_train
11
12 def normalize(x, y, output_shape):
13     # use the means and standard deviations to normalize our inputs and targets
14     x = ensure_input(x, tf.float32, x.shape[1])
15     y = ensure_output(y, tf.float32, output_shape)
```

```
16      mean_X_train, mean_y_train, std_X_train, std_y_train = get_mean_std_x_y(x, y)
17      x = (x - np.full(x.shape, mean_X_train)) / np.full(x.shape, std_X_train)
18      y = (y - mean_y_train) / std_y_train
19      return x, y
20
21 # run our normalize() function on our data
22 x, y = normalize(X_train, y_train, 1)
```

步骤 4：定义模型类

现在可以开始定义模型了。模型将由三层组成：两个 ReLU 层和一个线性层。我们使用 Keras 的 Layer 函数来定义层。定义该层的代码相当长，因此需将其分成几个小节。

首先，需要子类化 Layer，创建 PBPLayer，并定义 init 方法。在初始化过程中设置层中单元的数量：

```
1 from tensorflow.keras.initializers import HeNormal
2
3 # a class to handle our PBP layers
4 class PBPLayer(tf.keras.layers.Layer):
5     def __init__(self, units: int, dtype=tf.float32, *args, **kwargs):
6         super().__init__(dtype=tf.as_dtype(dtype), *args, **kwargs)
7         self.units = units
8     ...
```

然后，创建一个 build()方法来定义层的权重。正如在上一节中所讨论的，概率反向传播包括平均值权重和方差权重。由于一个简单的 MLP 由一个乘法分量(或称权重)和一个偏置组成，因此将权重和偏置分为平均值变量和方差变量：

```
1    ...
2    def build(self, input_shape):
3      input_shape = tensor_shape.TensorShape(input_shape)
4      last_dim = tensor_shape.dimension_value(input_shape[-1])
5      self.input_spec = tf.keras.layers.InputSpec(
6        min_ndim=2, axes={-1: last_dim}
7      )
8      self.inv_sqrtV1 = tf.cast(
9          1.0 / tf.math.sqrt(1.0 * last_dim + 1), dtype=self.dtype
10     )
11     self.inv_V1 = tf.math.square(self.inv_sqrtV1)
12
13     over_gamma = ReciprocalGammaInitializer(6.0, 6.0)
14     self.weights_m = self.add_weight(
15         "weights_mean", shape=[last_dim, self.units],
16         initializer=HeNormal(), dtype=self.dtype, trainable=True,
17     )
18     self.weights_v = self.add_weight(
```

```
19          "weights_variance", shape=[last_dim, self.units],
20          initializer=over_gamma, dtype=self.dtype, trainable=True,
21      )
22    self.bias_m = self.add_weight(
23        "bias_mean", shape=[self.units],
24        initializer=HeNormal(), dtype=self.dtype, trainable=True,
25    )
26    self.bias_v = self.add_weight(
27        "bias_variance", shape=[self.units],
28        initializer=over_gamma, dtype=self.dtype, trainable=True,
29    )
30    self.Normal = tfp.distributions.Normal(
31        loc=tf.constant(0.0, dtype=self.dtype),
32        scale=tf.constant(1.0, dtype=self.dtype),
33    )
34    self.built = True
35 ...
```

weights_m 和 weights_v 变量分别为平均值权重和方差权重，是概率反向传播模型的核心。我们将在完成模型拟合函数后继续定义 PBPLayer。现在，子类化这个类来创建 ReLU 层：

```
 1 class PBPReLULayer(PBPLayer):
 2     @tf.function
 3     def call(self, x: tf.Tensor):
 4         """Calculate deterministic output"""
 5         # x is of shape [batch, prev_units]
 6         x = super().call(x)
 7         z = tf.maximum(x, tf.zeros_like(x)) # [batch, units]
 8         return z
 9
10     @tf.function
11     def predict(self, previous_mean: tf.Tensor, previous_variance: tf.Tensor):
12         ma, va = super().predict(previous_mean, previous_variance)
13         mb, vb = get_bias_mean_variance(ma, va, self.Normal)
14         return mb, vb
```

可以看到我们重写了两个函数：call()和 predict()函数。call()函数调用常规线性 call()函数，然后应用于第 3 章中介绍的 ReLU 最大池化操作。predict()函数会调用常规 predict()函数，但同时也会调用一个新函数 get_bias_mean_variance()。该函数以数值稳定的方式计算偏差的平均值和方差，如下所示：

```
1 def get_bias_mean_variance(ma, va, normal):
2     variance_sqrt = tf.math.sqrt(tf.maximum(va, tf.zeros_like(va)))
3     alpha = safe_div(ma, variance_sqrt)
4     alpha_inv = safe_div(tf.constant(1.0, dtype=alpha.dtype), alpha)
5     alpha_cdf = normal.cdf(alpha)
```

```
6    gamma = tf.where(
7        alpha < -30,
8        -alpha + alpha_inv * (-1 + 2 * tf.math.square(alpha_inv)),
9        safe_div(normal.prob(-alpha), alpha_cdf),
10       )
11   vp = ma + variance_sqrt * gamma
12   bias_mean = alpha_cdf * vp
13   bias_variance = bias_mean * vp * normal.cdf(-alpha) + alpha_cdf * va * (
14       1 - gamma * (gamma + alpha)
15   )
16   return bias_mean, bias_variance
```

有了层定义，就可以构建网络了。首先创建一个包含网络中所有层的列表：

```
1  units = [50, 50, 1]
2  layers = []
3  last_shape = X_train.shape[1]
4
5  for unit in units[:-1]:
6      layer = PBPReLULayer(unit)
7      layer.build(last_shape)
8      layers.append(layer)
9      last_shape = unit
10 layer = PBPLayer(units[-1])
11 layer.build(last_shape)
12 layers.append(layer)
```

然后，创建一个 PBP 类，该类包含模型的 fit() 和 predict() 函数，与使用 Keras 的 tf.keras.Model 类定义的模型类似。接下来，我们将看到一些重要的变量，详细介绍如下：

- α 和 β：γ 分布的参数。
- Gamma：γ 分布 tfp.distributions.Gamma() 类的实例，是概率反向传播准确率参数 λ 的超先验。
- layers：用于指定模型的层数。
- Normal：此处，我们实例化了 tfp.distributions.Normal() 类的一个实例，它实现了高斯概率分布(在本例中，平均值为 0，标准差为 1)。

```
1  class PBP:
2      def __init__(
3          self,
4          layers: List[tf.keras.layers.Layer],
5          dtype: Union[tf.dtypes.DType, np.dtype, str] = tf.float32
6      ):
7          self.alpha = tf.Variable(6.0, trainable=True, dtype=dtype)
8          self.beta = tf.Variable(6.0, trainable=True, dtype=dtype)
9          self.layers = layers
```

```
10        self.Normal = tfp.distributions.Normal(
11            loc=tf.constant(0.0, dtype=dtype),
12            scale=tf.constant(1.0, dtype=dtype),
13        )
14        self.Gamma = tfp.distributions.Gamma(
15            concentration=self.alpha, rate=self.beta
16        )
17
18    def fit(self, x, y, batch_size: int = 16, n_epochs: int = 1):
19        data = tf.data.Dataset.from_tensor_slices((x, y)).batch(batch_size)
20        for epoch_index in range(n_epochs):
21            print(f"{epoch_index=}")
22            for x_batch, y_batch in data:
23                diff_square, v, v0 = self.update_gradients(x_batch, y_batch)
24                alpha, beta = update_alpha_beta(
25                    self.alpha, self.beta, diff_square, v, v0
26                )
27                self.alpha.assign(alpha)
28                self.beta.assign(beta)
29
30    @tf.function
31    def predict(self, x: tf.Tensor):
32        m, v = x, tf.zeros_like(x)
33        for layer in self.layers:
34            m, v = layer.predict(m, v)
35        return m, v
36 ...
```

PBP 类的_init_函数创建了许多参数，但基本上是用正态分布和 γ 分布来初始化 α 和 β 超先验值。此外，我们还保存了上一步创建的层。

fit()函数会更新层的梯度，然后更新 α 和 β 参数。更新梯度的函数定义如下：

```
1  ...
2  @tf.function
3  def update_gradients(self, x, y):
4      trainables = [layer.trainable_weights for layer in self.layers]
5      with tf.GradientTape() as tape:
6          tape.watch(trainables)
7          m, v = self.predict(x)
8          v0 = v + safe_div(self.beta, self.alpha - 1)
9          diff_square = tf.math.square(y - m)
10         logZ0 = logZ(diff_square, v0)
11     grad = tape.gradient(logZ0, trainables)
12     for l, g in zip(self.layers, grad):
13         l.apply_gradient(g)
14     return diff_square, v, v0
```

在更新梯度之前，需要在网络中前向传播梯度。为此，需要实现 predict() 方法：

```
1     # ... PBPLayer continued
2
3     @tf.function
4     def predict(self, previous_mean: tf.Tensor, previous_variance: tf.Tensor):
5         mean = (
6             tf.tensordot(previous_mean, self.weights_m, axes=[1, 0])
7             + tf.expand_dims(self.bias_m, axis=0)
8         ) * self.inv_sqrtV1
9
10        variance = (
11            tf.tensordot(
12                previous_variance, tf.math.square(self.weights_m), axes=[1, 0]
13            )
14            + tf.tensordot(
15                tf.math.square(previous_mean), self.weights_v, axes=[1, 0]
16            )
17            + tf.expand_dims(self.bias_v, axis=0)
18            + tf.tensordot(previous_variance, self.weights_v, axes=[1, 0])
19        ) * self.inv_V1
20
21        return mean, variance
```

既然我们可以通过网络传播值，那么就可以实现损失函数了。正如你在前一节中看到的，NLL 得到了使用，我们将在这里对其进行定义：

```
1 pi = tf.math.atan(tf.constant(1.0, dtype=tf.float32)) * 4
2 LOG_INV_SQRT2PI = -0.5 * tf.math.log(2.0 * pi)
3
4
5 @tf.function
6 def logZ(diff_square: tf.Tensor, v: tf.Tensor):
7   v0 = v + 1e-6
8   return tf.reduce_sum(
9     -0.5 * (diff_square / v0) + LOG_INV_SQRT2PI - 0.5 * tf.math.log(v0)
10  )
11
12
13 @tf.function
14 def logZ1_minus_logZ2(diff_square: tf.Tensor, v1: tf.Tensor, v2: tf.Tensor):
15   return tf.reduce_sum(
16       - 0.5 * diff_square * safe_div(v2 - v1, v1 * v2)
17       - 0.5 * tf.math.log(safe_div(v1, v2) + 1e-6)
18   )
```

现在，可以通过网络传播数值，并获得与损失相关的梯度(就像使用标准神经网络一样)。这意味着可以应用式 5.19 和 5.20 中分别针对平均值权重和方差权重的更新规则来更新梯度：

```
1     # ... PBPLayer continued
2
3     @tf.function
4     def apply_gradient(self, gradient):
5         dlogZ_dwm, dlogZ_dwv, dlogZ_dbm, dlogZ_dbv = gradient
6
7         # Weights
8         self.weights_m.assign_add(self.weights_v * dlogZ_dwm)
9         new_mean_variance = self.weights_v - (
10            tf.math.square(self.weights_v)
11            * (tf.math.square(dlogZ_dwm) - 2 * dlogZ_dwv)
12        )
13        self.weights_v.assign(non_negative_constraint(new_mean_variance))
14
15        # Bias
16        self.bias_m.assign_add(self.bias_v * dlogZ_dbm)
17        new_bias_variance = self.bias_v - (
18            tf.math.square(self.bias_v)
19            * (tf.math.square(dlogZ_dbm) - 2 * dlogZ_dbv)
20        )
21        self.bias_v.assign(non_negative_constraint(new_bias_variance))
```

如上一节所述，概率反向传播属于**假设密度滤波(Assumed Density Filtering, ADF)**方法。因此，根据 ADF 的更新规则来更新 α 和 β 参数：

```
1  def update_alpha_beta(alpha, beta, diff_square, v, v0):
2      alpha1 = alpha + 1
3      v1 = v + safe_div(beta, alpha)
4      v2 = v + beta / alpha1
5      logZ2_logZ1 = logZ1_minus_logZ2(diff_square, v1=v2, v2=v1)
6      logZ1_logZ0 = logZ1_minus_logZ2(diff_square, v1=v1, v2=v0)
7      logZ_diff = logZ2_logZ1 - logZ1_logZ0
8      Z0Z2_Z1Z1 = safe_exp(logZ_diff)
9      pos_where = safe_exp(logZ2_logZ1) * (alpha1 - safe_exp(-logZ_diff) * alpha)
10     neg_where = safe_exp(logZ1_logZ0) * (Z0Z2_Z1Z1 * alpha1 - alpha)
11     beta_denomi = tf.where(logZ_diff >= 0, pos_where, neg_where)
12     beta = safe_div(beta, tf.maximum(beta_denomi, tf.zeros_like(beta)))
13
14     alpha_denomi = Z0Z2_Z1Z1 * safe_div(alpha1, alpha) - 1.0
15
16     alpha = safe_div(
17         tf.constant(1.0, dtype=alpha_denomi.dtype),
18         tf.maximum(alpha_denomi, tf.zeros_like(alpha)),
19     )
20
21     return alpha, beta
```

步骤 5：避免数值误差

最后，定义几个辅助函数，以确保在拟合过程中避免出现数值误差：

```
1 @tf.function
2 def safe_div(x: tf.Tensor, y: tf.Tensor, eps: tf.Tensor = tf.constant(1e-6)):
3     _eps = tf.cast(eps, dtype=y.dtype)
4     return x / (tf.where(y >= 0, y + _eps, y - _eps))
5
6
7 @tf.function
8 def safe_exp(x: tf.Tensor, BIG: tf.Tensor = tf.constant(20)):
9     return tf.math.exp(tf.math.minimum(x, tf.cast(BIG, dtype=x.dtype)))
10
11
12 @tf.function
13 def non_negative_constraint(x: tf.Tensor):
14     return tf.maximum(x, tf.zeros_like(x))
```

步骤 6：实例化模型

这就是：训练概率反向传播的核心代码。现在可实例化模型，并在一些数据上对其进行训练。在本例中，我们将使用小批量数据和单次迭代：

```
1 model = PBP(layers)
2 model.fit(x, y, batch_size=1, n_epochs=1)
```

步骤 7：使用模型进行推理

现在有了拟合模型，看看它在测试集上的效果如何。首先对测试集进行归一化处理：

```
1 # Compute our means and standard deviations
2 mean_X_train, mean_y_train, std_X_train, std_y_train = get_mean_std_x_y(
3     X_train, y_train
4 )
5
6 # Normalize our inputs
7 X_test = (X_test - np.full(X_test.shape, mean_X_train)) /
8     np.full(X_test.shape, std_X_train)
9
10 # Ensure that our inputs are of the correct shape
11 X_test = ensure_input(X_test, tf.float32, X_test.shape[1])
```

然后得到模型预测值：平均值和方差。

```
1 m, v = model.predict(X_test)
```

接着对这些值进行后处理，确保它们形状正确，并且位于原始输入数据的范围内：

```
1  # Compute our variance noise - the baseline variation we observe in our targets
2  v_noise = (model.beta / (model.alpha - 1) * std_y_train**2)
3
4  # Rescale our mean values
5  m = m * std_y_train + mean_y_train
6
7  # Rescale our variance values
8  v = v * std_y_train**2
9
10 # Reshape our variables
11 m = np.squeeze(m.numpy())
12 v = np.squeeze(v.numpy())
13 v_noise = np.squeeze(v_noise.numpy().reshape(-1, 1))
```

得到了预测值后便可计算模型的性能。我们将使用标准误差指标 RMSE 和损失指标 NLL。可以用下面的方法对其进行计算：

```
1 rmse = np.sqrt(np.mean((y_test - m) ** 2))
2 test_log_likelihood = np.mean(
3     -0.5 * np.log(2 * math.pi * v)
4     - 0.5 * (y_test - m) ** 2 / v
5 )
6 test_log_likelihood_with_vnoise = np.mean(
7     - 0.5 * np.log(2 * math.pi * (v + v_noise))
8     - 0.5 * (y_test - m) ** 2 / (v + v_noise)
9 )
```

对于任何需要进行模型不确定性估计的回归任务，都可评估这两个指标。RMSE 给出了标准误差指标，可以直接与非概率方法进行比较。正如本章前面所讨论的，NLL 通过评估模型在表现良好与表现不佳时的置信度，从而大概了解其校准程度。而将这些指标结合在一起，便可对贝叶斯模型的性能有一个全面的认识。本书将会反复使用这些指标。

5.8　小结

在本章中，我们了解了两个基本的、具有良好原则的贝叶斯深度学习模型。贝叶斯反向传播展示了如何利用变分推理从权重空间高效采样并生成输出分布，而概率反向传播则证明了不需要采样也能获得预测不确定性。这使得概率反向传播的计算效率高于贝叶斯反向传播，但两种模型各有利弊。

就贝叶斯反向传播而言，虽然其计算效率低于概率反向传播，但其适应性更强(尤其是使用 TensorFlow 中用于变分层的工具)。我们可以将其应用于各种不同的深度神经网络架构，并且难度相对较小。而代价则是在推理和训练时都需要采样，而不仅仅是通过一次前向传递来获得输出分布。

相反，概率反向传播只需一次传递就能获得不确定性估计值，但正如你刚才所见，其实现相当复杂。这使得它很难适用于其他网络架构，虽然已经有人使用过这种方法(参见"延伸阅读"部分)，但考虑到实施的技术开销以及其与其他方法相比相对不明显的优势，这种方法并不特别实用。

总之，如果需要鲁棒、具有良好原则的 BNN 近似，并且在推理时不受内存或计算开销的限制，那么这些方法值得一试。但是，如果内存和/或计算能力有限，例如在边缘设备上运行，该怎么办呢? 在这种情况下，可能需要使用更实用的方法来获取预测不确定性。

在第 6 章中，我们将了解如何使用 TensorFlow 中更熟悉的组件来创建更实用的概率神经网络模型。

5.9 延伸阅读

- Charles Blundell 等人的 *Weight Uncertainty in Neural Networks*：这是一篇介绍贝叶斯反向传播的论文，也是贝叶斯深度学习文献的重要部分。
- Alex Graves 等人的 *Practical Variational Inference for Neural Networks*：这是一篇关于在神经网络中使用变分推理的有影响力的论文，该论文介绍了一种可应用于各种神经网络架构的简单随机变分方法。
- José Miguel Hernández-Lobato 等人的 *Probabilistic Backpropagation for Scalable Learning of Bayesian Neural Networks*：这是贝叶斯深度学习文献中的另一部重要著作，该著作介绍了概率反向传播，展示了如何通过更可扩展的方式实现贝叶斯推理。
- Matt Benatan 等人的 *Practical Considerations for Probabilistic Backpropagation*：在这部著作中，作者介绍了如何使概率反向传播在实际应用中成为更加实用的方法。
- Matt Benatan 等人的 *Fully Bayesian Recurrent Neural Networks for Safe Reinforcement Learning*：该论文展示了如何将概率反向传播适应于 RNN 架构，并说明了 BNN 在安全关键型系统中具有的优势。

第6章

使用标准工具箱进行贝叶斯深度学习

正如你在前几章中所见，原始神经网络通常会产生较差的不确定性估计，并倾向于做出过高置信的预测，而有些网络甚至根本无法产生不确定性估计。相比之下，概率架构提供了获得高质量不确定性估计的原理方法；但是，它们在扩展性和适应性方面有诸多限制。

虽然概率反向传播和贝叶斯反向传播都可以用非常热门的机器学习框架来实现(如之前的TensorFlow 示例所示)，但它们都非常复杂。正如你在上一章中看到的，即使是一个简单的网络，实现起来也并不简单。这意味着，将它们调整为新架构既麻烦又耗时(尤其是对于概率反向传播，尽管这能够实现——请参阅 *Fully Bayesian Recurrent Neural Networks for Safe Reinforcement Learning*)。对于简单的任务，如第 5 章"贝叶斯深度学习原理方法"中的例子，这不是问题。但在许多实际任务中，如机器翻译或目标识别，则需要更为复杂的网络架构。

虽然一些学术机构和大型研究组织可能有足够的时间和资源将这些复杂的概率方法调整为各种复杂的架构，但在很多情况下，这根本不可行。此外，越来越多的行业研究人员和工程师开始转向使用基于迁移学习的方法，将预训练好的网络作为其模型的骨干结构。在这种情况下，不可能简单地将概率机制添加到预定义的体系架构中。

为了解决这个问题，在本章中，我们将探讨如何利用深度学习中的常见范式来开发概率模型。此处介绍的方法表明，只需稍作改动，就能轻松调整大型复杂架构，从而生成高质量的不确定性估计。我们甚至还会介绍一些技术，让你能够从已经训练过的网络中获得不确定性估计！

本章将介绍利用常见深度学习框架轻松促进模型不确定性估计的三种关键方法。首先，我们将介绍蒙特卡洛舍弃(**Monte Carlo Dropout，MC dropout**)，这是一种通过在推理时利用舍弃来推导预测差异的方法。其次，我们将介绍深度集成学习(**deep ensembles**)，通过这种方法将多个神经网络结合在一起，既能促进不确定性估计，又能提高模型性能。最后，我们将探索为模型添加贝叶斯层的各种方法，使任何模型都能产生不确定性估计。

本章主要内容：
- 通过舍弃引入近似贝叶斯推理
- 使用集成学习进行模型不确定性估计
- 探索使用贝叶斯最后一层方法来增强神经网络

6.1 技术要求

要完成本章中的实践任务，需要在 Python 3.8 环境中安装 SciPy 栈和以下 Python 软件包：
- TensorFlow 2.0
- TensorFlow Probability

所有代码都可以在本书的 GitHub 仓库中找到，网址为 https://github.com/PacktPublishing/Enhancing-Deep-Learning-with-Bayesian-Inference；也可以通过扫描本书封底的二维码进行下载。

6.2 通过舍弃引入近似贝叶斯推理

传统意义上，**舍弃**用于防止神经网络过拟合。它于 2012 年首次引入，现在已被用于许多常见的神经网络架构中，是最简单、应用最广泛的正则化方法之一。舍弃的原理是在训练过程中随机关闭(或舍弃)神经网络的某些单元。正因为如此，模型就不能仅仅依靠特定的神经元子集来解决所给定的任务。相反，模型不得不寻找不同的方法来解决任务。这就提高了模型对鲁棒性的要求，使其不易过拟合。

如果将网络简化为 $y=W_x$，其中 y 是网络的输出，x 是输入，W 是模型的权重，那么可以将舍弃视为

$$\hat{w}_j = \begin{cases} w_j, & p \\ 0, & \text{其他} \end{cases} \tag{6.1}$$

其中，$\hat{w}_j$ 是应用舍弃后的新权重，w_j 是应用舍弃前的权重，p 是不应用舍弃的概率。

最初有关舍弃的论文建议随机舍弃网络中 50% 的单元，并对所有层应用舍弃。输入层不应该有相同的舍弃概率，因为这意味着我们丢弃了网络中 50% 的输入信息，从而增加模型收敛难度。在实践中，可以尝试使用不同的舍弃概率，以找到适合特定数据集和模型的舍弃率；这是可以优化的另一个超参数。在线可以找到的所有标准神经网络库中，舍弃通常都可以作为独立层使用。通常会在激活函数之后添加它：

```
1 from tensorflow.keras import Sequential
2 from tensorflow.keras.layers import Flatten, Conv2D, MaxPooling2D, Dropout, Dense
3
4
5 model = Sequential([
6     Conv2D(32, (3,3), activation="relu", input_shape=(28, 28, 1)),
```

```
 7      MaxPooling2D((2,2)),
 8      Dropout(0.2),
 9      Conv2D(64, (3,3), activation="relu"),
10      MaxPooling2D((2,2)),
11      Dropout(0.5),
12      Flatten(),
13      Dense(64, activation="relu"),
14      Dropout(0.5),
15      Dense(10)
16  ])
17
```

　　既然已经了解了"舍弃"的普遍应用，下面就来看看如何将其用于贝叶斯推理。

6.2.1　利用舍弃进行近似贝叶斯推理

　　传统的舍弃方法在推理过程中关闭舍弃，从而使舍弃网络的预测在测试时具有确定性。然而，我们也可以利用舍弃的随机性。这就是**蒙特卡洛(Monte Carlo，MC)舍弃**，其原理如下：

(1) 我们在测试期间使用舍弃。

(2) 不是进行一次推理，而是进行多次(如 30~100 次)。

(3) 然后对预测结果求平均值，得到不确定性估计值。

　　为什么这样做有好处？正如之前所说，使用舍弃会迫使模型学习不同的方法来完成任务。因此，当我们在推理过程中启用"舍弃"功能时，会使用略有不同的网络，这些网络都会通过略有不同的路径在模型中处理输入。当需要校准不确定性分数时，这种多样性会非常有用，我们将在下一节讨论深度集成学习的概念。现在，网络不再为每个输入预测一个点估计值(单一值)，而是产生一个值分布(由多个前向传递组成)。我们可以使用该分布计算与每个输入数据点相关的平均值和方差，如图 6.1 所示。

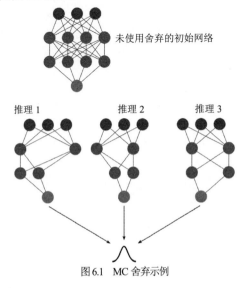

图 6.1　MC 舍弃示例

我们还可以用贝叶斯方法解释 MC 舍弃。可以将使用这些略有不同的带有舍弃的网络视为从所有可能模型的分布中采样，得到该网络的所有参数(或权重)的后验分布：

$$\theta_t \sim P(\theta|D) \tag{6.2}$$

这里，θ_t 是一种舍弃配置，而~则是从后验分布 $P(\theta|D)$ 中抽取的单个样本。这样一来，MC 舍弃就等同于一种近似贝叶斯推理，类似于我们在第 5 章中看到的方法。

既然你已经了解了 MC 舍弃的工作原理，那么就在 TensorFlow 中实现它吧。

6.2.2 实现 MC 舍弃

假设我们已经用本章第一个实践练习中描述的卷积架构训练了一个模型。现在可以通过设置 training=True 在推理时使用舍弃：

```
1  def mc_dropout_inference(
2      imgs: np.ndarray,
3      nb_inference: int,
4      model: Sequential
5  ) -> np.ndarray:
6      """
7      Run inference nb_inference times with random dropout enabled
8      (training=True)
9      """
10     preds = []
11     for _ in range(nb_inference):
12         preds.append(model(imgs, training=True))
13     return tf.nn.softmax(preds, axis=-1).numpy()
14
15
16 predictions = mc_dropout_inference(test_images, 50, model)
```

这样，就可以得到模型每次预测的平均值和方差。predictions 变量的每一行都包含与每个输入相关的预测，这些预测来自连续的前向传递。根据这些预测，可以计算出平均值和方差，如下所示：

```
1  predictive_mean = np.mean(predictions, axis=0)
2  predictive_variance = np.var(predictions, axis=0)
```

与所有神经网络一样，贝叶斯神经网络需要对超参数进行一定程度的微调。以下三个超参数对 MC 舍弃尤为重要：

- **舍弃层数**：有多少层(在 sequential 对象中)将使用舍弃，以及是哪几层。
- **舍弃率**：节点被丢弃的可能性。
- **MC 舍弃样本数**：专属 MC 舍弃的新超参数。这里显示为 nb_inference，它定义了在推理时从 MC 舍弃网络中采样的次数。

我们现在学习了 MC 舍弃的新用法，它提供了一种使用熟悉的工具计算贝叶斯不确定性的简单方法。但这并不是唯一可用的方法。在下一节中,我们将学习如何将集成应用于神经网络,从而为近似贝叶斯神经网络提供另一种直接的方法。

6.3 使用集成学习进行模型不确定性估计

本节将介绍深度集成学习:一种使用深度网络集成获得贝叶斯不确定性估计的热门方法。

6.3.1 集成学习介绍

机器学习中的一种常见策略是将多个单一模型组合成一个模型群体。学习这种模型组合的过程称为**集成学习**,由此产生的模型群体称为集成学习。集成学习包括两个主要部分:首先,需要对不同的单一模型进行训练。有多种策略可以从相同的训练数据中获得不同的模型:模型可以在不同的数据子集上训练,也就是说可以训练不同的模型类型或不同架构的模型,或者用不同的超参数初始化相同的模型。其次,需要合并不同单一模型的输出。合并单个模型预测结果的常见策略是简单地取其平均值或在集成的所有成员中进行多数票表决。更高级的策略是取其加权平均值,或者在有更多训练数据的情况下,学习一个额外的模型来组合集成成员的不同预测结果。

集成学习在机器学习中非常流行,因为它们能最小化意外选择性能不佳模型的风险,从而提高预测性能。事实上,集成学习至少可以保证与任何单个模型一样出色。此外,如果集成成员的预测结果有足够的多样性,那么集成学习的性能将优于单一模型。这里的多样性意味着不同的集成成员在给定的数据样本上犯不同的错误。例如,如果一些集成成员将狗的图像错误地分类为"猫",但大多数集成成员做出了正确的预测("狗"),那么组合集成的输出结果仍将是正确的("狗")。更一般地说,只要每个模型预测的准确率大于 50%,并且模型不会出现单独的错误,那么随着我们添加越来越多的集成成员,集成的预测性能将接近 100%的准确率。

除了提高预测性能外,还可以利用集成成员之间的一致(或不一致)程度来获得集成预测的不确定性估计值。以图像分类为例,如果几乎所有的集成成员都预测图像显示的是一只狗,那么就可以说集成预测的"狗"具有高置信度(或低不确定性)。相反,如果不同集成成员的预测之间存在明显分歧,那么我们就会观察到高不确定性,即集成成员的输出之间存在明显差异,从而告诉我们预测的置信度较低。

既然我们已经对集成学习有了基本的了解,那么需要强调的是,也可以将上一节探讨过的MC 舍弃视为一种集成学习。当我们在推理过程中启用"舍弃"功能时,每次推理都会使用一个略有不同的(子)网络。这些不同子网络的组合可被视为不同模型的群体,因此也是一个集成学习。这一观察结果促使谷歌的一个团队开始研究从深度神经网络创建集成的其他方法,并由此发现了深度集成学习(Lakshminarayan 等人,2016),下文将对其进行介绍。

6.3.2 引入深度集成学习

深度集成学习背后的主要理念非常简单:训练多个不同的深度神经网络模型,然后通过求平均值来组合它们的预测结果，从而提高模型性能，并利用这些模型预测结果之间的一致性来获得预测不确定性的估计值。

更正式地说，假设我们有一些训练数据 $X(X \in \mathbb{R}^D)$ 和相应的目标标签 y。例如，在图像分类中，训练数据是图像，目标标签是表示相应图像中显示的目标类别的整数，因此 $y \in \{1,...,K\}$，其中 K 是类别的总数。训练单个神经网络意味着需要对标签的概率预测分布 $p_\theta(y|x)$ 进行建模，并优化神经网络的参数 θ。对于深度集成学习，需训练 M 个神经网络，其参数可描述为 $\{\theta_m\}_{m=1}^M$，其中每个 θ_m 都是使用 X 和 y 独立优化的(这意味着在相同的数据上独立训练每个神经网络)。使用 $p(y|x) = M^{-1}\sum_{m=1}^M p_{\theta_m}(y|x,\theta_m)$，深度集成成员的预测结果可通过求平均值进行组合。

图 6.2 展示了深度集成学习背后的理念。这里，我们训练了 $M=3$ 个不同的前馈神经网络。注意，每个网络都有自己独特的网络权重集，正如连接网络注释的边的不同粗细所示。如绿色节点所示，这三个网络将各自输出自己的预测分数，我们将通过求平均值的方法合并这些分数。

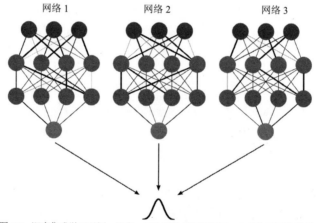

图 6.2 深度集成学习示例。注意，三个网络的权重不同，如粗细不同的边所示

如果只有一个数据集可用于训练，那么如何训练多个不同的神经网络模型？原先论文中提出的策略(也是目前最常用的策略)是，每次训练都从随机初始化网络权重开始。如果每次训练都从不同的权重集开始，那么不同的训练运行过程可能会产生对训练数据具有不同函数近似的网络。这是因为神经网络的权重参数往往多于训练数据集中的样本数量。因此，训练数据集中的相同观察结果可以用许多不同的权重参数组合来近似。在训练过程中，不同的神经网络模型会各自收敛到自己的参数组合，在损失版图上占据不同的局部最优位置。因此，不同的神经网络对给定的数据样本往往会有不同的看法，例如狗的图像。这也意味着不同的神经网络会犯不同的错误，例如，在对数据样本进行分类时。集成学习中不同网络之间的共识程度提供了集成对特定数据点预测的确定性信息：网络之间的共识程度越高，集成对预测就越有信心。

使用同一训练数据集训练不同神经网络模型的其他方法有：在训练过程中使用小批次的随机排序，在每次训练运行过程中使用不同的超参数，或在每个模型中使用不同的网络架构。

这些策略也可以组合使用，而究竟哪种策略组合能在预测性能和预测不确定性方面产生最佳结果，目前仍是一个活跃的研究领域。

6.3.3　实现深度集成学习

下面的代码示例说明了如何使用随机权重初始化策略来训练深度集成学习，以获得不同的集成成员。

步骤 1：导入库

在本代码示例中，首先导入相关软件包，并将集成数设为 3：

```
1 import tensorflow as tf
2 import numpy as np
3 import matplotlib.pyplot as plt
4
5
6 ENSEMBLE_MEMBERS = 3
```

步骤 2：获取数据

然后，下载 MNIST Fashion 数据集，该数据集包含十种不同服装的图像：

```
1 # download data set
2 fashion_mnist = tf.keras.datasets.fashion_mnist
3 # split in train and test, images and labels
4 (train_images, train_labels), (test_images, test_labels) = fashion_mnist.load_data()
5
6 # set class names
7 CLASS_NAMES = ['T-shirt', 'Trouser', 'Pullover', 'Dress', 'Coat',
8               'Sandal', 'Shirt', 'Sneaker', 'Bag', 'Ankle boot']
```

步骤 3：构建集成学习

接下来，创建一个定义模型的辅助函数。如你所见，我们使用了一个简单的图像分类器结构，它由两个卷积层和几个全连接层组成，每个卷积层后都有一个最大池化操作：

```
 1 def build_model():
 2     # we build a forward neural network with tf.keras.Sequential
 3     model = tf.keras.Sequential([
 4         # we define two convolutional layers followed by a max-pooling operation each
 5         tf.keras.layers.Conv2D(filters=32, kernel_size=(5,5), padding='same',
 6                                activation='relu', input_shape=(28, 28, 1)),
 7         tf.keras.layers.MaxPool2D(strides=2),
 8         tf.keras.layers.Conv2D(filters=48, kernel_size=(5,5), padding='valid',
 9                                activation='relu'),
10         tf.keras.layers.MaxPool2D(strides=2),
11         # we flatten the matrix output into a vector
```

```
12        tf.keras.layers.Flatten(),
13        # we apply three fully-connected layers
14        tf.keras.layers.Dense(256, activation='relu'),
15        tf.keras.layers.Dense(84, activation='relu'),
16        tf.keras.layers.Dense(10)
17    ])
18
19    return model
20
```

我们还创建了另一个辅助函数，使用 Adam 作为优化器和分类交叉熵损失来编译模型：

```
1  def compile_model(model):
2    model.compile(optimizer='adam',
3                  loss=tf.keras.losses.SparseCategoricalCrossentropy(from_logits=True),
4                  metrics=['accuracy'])
5    return model
6
```

步骤 4：训练

然后，在同一数据集上训练三个不同的网络。由于网络权重是随机初始化的，因此会产生三个不同的模型。你会发现不同模型的训练准确率略有不同：

```
1  deep_ensemble = []
2  for ind in range(ENSEMBLE_MEMBERS):
3      model = build_model()
4      model = compile_model(model)
5      print(f"Train model {ind:02}")
6      model.fit(train_images, train_labels, epochs=10)
7      deep_ensemble.append(model)
```

步骤 5：推理

接着，可以执行推理，并获得每个模型对测试划分中所有图像的预测结果。我们还可以取三个模型预测结果的平均值，这样就可以得到每张图像的一个预测向量：

```
1  # get logit predictions for all three models for images in the test split
2  ensemble_logit_predictions = [model(test_images) for model in deep_ensemble]
3  # convert logit predictions to softmax
4  ensemble_softmax_predictions = [
5      tf.nn.softmax(logits, axis=-1) for logits in ensemble_logit_predictions]
6
7  # take mean across models, this will result in one prediction vector per image
8  ensemble_predictions = tf.reduce_mean(ensemble_softmax_predictions, axis=0)
```

如上所示。我们已经训练了一组网络集成并进行了推理。鉴于现在每张图像都有多个预测向量，还可以查看三个模型中存在不一致的图像。

例如，找出分歧最大的图像并将其可视化：

```
1  # calculate variance across model predictions
2  ensemble_std = tf.reduce_mean(
3      tf.math.reduce_variance(ensemble_softmax_predictions, axis=0),
4      axis=1)
5  # find index of test image with highest variance across predictions
6  ind_disagreement = np.argmax(ensemble_std)
7
8  # get predictions per model for test image with highest variance
9  ensemble_disagreement = []
10 for ind in range(ENSEMBLE_MEMBERS):
11     model_prediction = np.argmax(ensemble_softmax_predictions[ind][ind_disagreement])
12     ensemble_disagreement.append(model_prediction)
13 # get class predictions
14 predicted_classes = [CLASS_NAMES[ind] for ind in ensemble_disagreement]
15
16 # define image caption
17 image_caption = \
18     f"Network 1: {predicted_classes[0]}\n" + \
19     f"Network 2: {predicted_classes[1]}\n" + \
20     f"Network 3: {predicted_classes[2]}\n"
21
22 # visualise image and predictions
23 plt.figure()
24 plt.title(f"Correct class: {CLASS_NAMES[test_labels[ind_disagreement]]}")
25 plt.imshow(test_images[ind_disagreement], cmap=plt.cm.binary)
26 plt.xlabel(image_caption)
27 plt.show()
```

观察图 6.3 中的图像，很难分辨出图中所示是一件 T 恤、一件衬衫还是一个包：

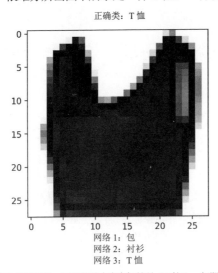

图 6.3　集成预测中具有最高方差的图像。正确的基本真实标签是 "T 恤"，但即使对人类来说，也很难判断

虽然我们已经看到了深度集成学习的一些优点，但它们也并非没有局限性。在下一节中，我们将探讨在考虑深度集成学习时，可能需要注意哪些方面。

6.3.4 深度集成学习的实际局限性

从研究环境到大规模生产，集成学习的一些实际局限性显而易见。我们知道，从理论上讲，随着集成成员的增加，集成的预测性能和不确定性估计值都会提高。然而，增加集成成员是需要付出代价的，因为集成的内存占用和推理成本会随着集成成员数量的增加而线性增加。这就使得在生产环境中部署集成学习成为一个代价较高的选择。每增加一个网络节点，就需要额外存储一组网络权重，这就大大增加了内存需求。同样，对于每个网络，还需要在推理过程中进行额外的前向传递。尽管不同网络的推理可以并行运行，对推理时间的影响也因此可以减轻，但这种方法仍然比单一模型需要更多的计算资源。更多的计算资源则往往意味着更高的成本，因此在决定使用集成学习还是单一模型时，需要在获得更好的性能和不确定性估计值与增加成本之间进行权衡。

最近有研究试图解决或缓解这些实际限制。例如，在一种名为 BatchEnsembles 的方法中，所有集成成员共享一个基础权重矩阵。每个集成成员的最终权重矩阵是通过将这个共享权重矩阵与每个集成成员唯一的秩一矩阵进行逐元素相乘得到的。这就减少了每个额外集成成员需要存储的参数数量，从而减少了内存占用。由于 BatchEnsembles 可以利用向量化，并且所有集成成员的输出都可以在一次前向传递中计算完成，因此集成的计算成本也得以降低。在另一种被称为**多输入/多输出处理(MIMO)**的方法中，鼓励单个网络学习多个独立的子网络。在训练过程中，多个输入会与多个相应标记的输出一起传递。例如，网络会收到三张图像：狗、猫和鸡。网络将传递相应的输出标签，并需要学习在第一个输出节点上预测"狗"，在第二个输出节点上预测"猫"，在第三个输出节点上预测"鸡"。在推理过程中，一张图像会重复预测三次，而 MIMO 集成将产生三种不同的预测结果(每个输出节点一种)。因此，MIMO 方法的内存占用和计算成本几乎与单个神经网络相当，同时还具有集成学习的所有优点。

6.4 探索用贝叶斯最后一层方法增强神经网络

在第 5 章和第 6 章的前述内容中，我们探索了多种利用深度神经网络进行贝叶斯推理的方法。这些方法在每一层都包含了某种形式的不确定性信息，无论是通过使用显式概率方法，还是通过使用基于集成或基于舍弃的近似方法。这些方法具有一定的优势。其贝叶斯(或更准确地说，近似贝叶斯)机制一致则意味着它们是一致的：在网络架构和更新规则方面，每一层都采用相同的原则。这使得它们更容易从理论角度进行论证，因为我们知道任何理论论证都适用于每一层。除此以外，这还意味着我们可以在每一层都获得不确定性：我们可以在这些网络中利用嵌入，就像在标准深度学习模型中利用嵌入一样，同时获得这些嵌入的不确定性。

不过，这些网络也有一些缺点。正如你所见，概率反向传播和贝叶斯反向传播等方法具有更复杂的机制，这使得它们更难应用于更复杂的神经网络架构。本章前面的主题表明，可以通过使用 MC 舍弃或深度集成学习来解决这个问题，但它们会增大计算和/或内存开销。而这就是贝叶斯最后一层(Bayesian Last-Layer, BLL)方法(见图 6.4)的用武之地。这类方法既能灵活地使用任何神经网络架构，又比 MC 舍弃或深度集成学习更节省计算时间和内存。

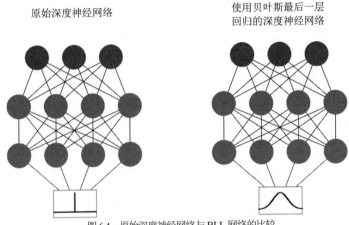

原始深度神经网络　　　　　　　使用贝叶斯最后一层回归的深度神经网络

图 6.4　原始深度神经网络与 BLL 网络的比较

你可能已经猜到，BLL 方法的基本原理是只在最后一层估计不确定性。但是，你可能还没有猜到这样做的原因。深度学习的成功得益于神经网络具有非线性特性：非线性变换的连续层使它们学得高维数据的丰富低维表示。然而，这种非线性使得模型不确定性估计变得困难。模型不确定性估计的封闭形式解可用于各种线性模型，但遗憾的是，高度非线性深度神经网络并非如此。那么，怎么办呢？

幸运的是，深度神经网络学习到的表征也可以作为较简单线性模型的输入。这样，就可以让深度神经网络完成繁重的工作：将高维输入空间压缩为特定于任务的低维表征。正因为如此，神经网络的倒数第二层要容易处理得多；毕竟，在大多数情况下，输出只是这一层的一些线性变换。这意味着可以对这一层应用线性模型，反过来意味着我们可以应用模型不确定性估计的封闭解。

我们还可以利用其他的最后一层方法；最近的研究表明，只在最后一层应用 MC 舍弃是有效的。虽然这仍然需要多次前向传递，但这些前向传递只需要对单层进行，因此计算效率更高，特别是对于较大的模型来说。

6.4.1　贝叶斯推理的最后一层方法

Jasper Snoek 等人在 2015 年发表的论文 *Scalable Bayesian Optimization Using Deep Neural Networks* 中提出了一种方法，该方法引入了使用事后贝叶斯线性回归器获取深度神经网络模型不确定性的概念。设计该方法是为了实现类似高斯过程的高质量不确定性估计，同时改进可扩展性。

该方法首先是在一些数据 X 和目标 y 上训练一个深度神经网络。这一训练阶段训练一个线性输出层 z_i，从而形成一个能产生点估计值(典型的标准深度神经网络)的网络。然后，将倒数第二层(或最后一个隐藏层)z_{i-1} 作为基函数集。从这里开始，只需将最后一层替换为贝叶斯线性回归器即可。现在，网络将生成预测平均值和方差，而不是点估计值。有关此方法和自适应基回归的更多详情，请参阅 Jasper Snoek 等人的论文和 Christopher Bishop 的 *Pattern Recognition and Machine Learning*。

现在，看看如何在代码中实现这一点。

步骤 1：创建和训练基础模型

首先，建立并训练网络：

```python
1  from tensorflow.keras import Model, Sequential, layers, optimizers, metrics, losses
2  import tensorflow as tf
3  import tensorflow_probability as tfp
4  from sklearn.datasets import load_boston
5  from sklearn.model_selection import train_test_split
6  from sklearn.preprocessing import StandardScaler
7  from sklearn.metrics import mean_squared_error
8  import pandas as pd
9  import numpy as np
10
11 seed = 213
12 np.random.seed(seed)
13 tf.random.set_seed(seed)
14 dtype = tf.float32
15
16 boston = load_boston()
17 data = boston.data
18 targets = boston.target
19
20 X_train, X_test, y_train, y_test = train_test_split(data, targets, test_size=0.2)
21
22 # Scale our inputs
23 scaler = StandardScaler()
24 X_train = scaler.fit_transform(X_train)
25 X_test = scaler.transform(X_test)
26
27 model = Sequential()
28 model.add(layers.Dense(20, input_dim=13, activation='relu', name='layer_1'))
29 model.add(layers.Dense(8, activation='relu', name='layer_2'))
30 model.add(layers.Dense(1, activation='relu', name='layer_3'))
31
32 model.compile(optimizer=optimizers.Adam(),
33     loss=losses.MeanSquaredError(),
34     metrics=[metrics.RootMeanSquaredError()],)
35
36 num_epochs = 200
37 model.fit(X_train, y_train, epochs=num_epochs)
38 mse, rmse = model.evaluate(X_test, y_test)
```

步骤 2：使用神经网络层作为基函数

现在有了基础网络，只需访问倒数第二层，即可将其作为基函数输入贝叶斯回归器。举例来说，使用 TensorFlow 的高级 API 就可以轻松做到这一点：

```
1 basis_func = Model(inputs=self.model.input,
2                    outputs=self.model.get_layer('layer_2').output)
```

这将建立一个模型，使得只需调用其 predict 方法，就能获得第二个隐藏层的输出：

```
1 layer_2_output = basis_func.predict(X_test)
```

这就是将基函数传递给贝叶斯线性回归器所需的全部准备工作。

步骤 3：准备贝叶斯线性回归变量

对于贝叶斯回归器，假设输出 $y_i \in y$ 与输入 $x_i \in X$ 存在线性关系，服从条件正态分布：

$$y_i = \mathcal{N}(\alpha + x_i^\mathsf{T}\beta, \sigma^2) \tag{6.3}$$

这里，α 是偏差项，β 是模型系数，σ^2 是与预测相关的方差。此外，还将对这些参数做出一些先验假设，即：

$$\alpha \approx \mathcal{N}(0, 1) \tag{6.4}$$

$$\beta \approx \mathcal{N}(0, 1) \tag{6.5}$$

$$\sigma^2 \approx |\mathcal{N}(0, 1)| \tag{6.6}$$

注意，式 6.6 表示高斯分布的半正态分布。为了将贝叶斯回归器与 Keras 模型轻松(且实用)地集成在一起，将创建一个 BayesianLastLayer 类。该类将使用 TensorFlow Probability 库来实现贝叶斯回归器所需的概率分布和采样函数。下面可快速浏览该类的各个组成部分：

```
1
2 class BayesianLastLayer():
3
4 def __init__(self,
5             model,
6             basis_layer,
7             n_samples=1e4,
8             n_burnin=5e3,
9             step_size=1e-4,
10            n_leapfrog=10,
11            adaptive=False):
12        # Setting up our model
13        self.model = model
14        self.basis_layer = basis_layer
15        self.initialize_basis_function()
16        # HMC Settings
17        # number of hmc samples
```

```
18        self.n_samples = int(n_samples)
19        # number of burn-in steps
20        self.n_burnin = int(n_burnin)
21        # HMC step size
22        self.step_size = step_size
23        # HMC leapfrog steps
24        self.n_leapfrog = n_leapfrog
25        # whether to be adaptive or not
26        self.adaptive = adaptive
```

正如你在这里所见，类在实例化时至少需要两个参数：model(即 Keras 模型)和 basis_layer，即要提供给贝叶斯回归器的层输出。以下参数都是用于**哈密尔顿蒙特卡洛(Hamiltonian Monte-Carlo，HMC)** 采样的参数，我们为其定义了一些默认值。这些值可能需要根据输入情况进行修改。例如，如果输入维度较高(如使用 layer_1)，可能需要进一步减小步长，并增加入库采样数和样本总数。

步骤 4：连接基函数模型

接下来，只需定义几个函数，用于创建基函数模型并获取其输出：

```
1  def initialize_basis_function(self):
2      self.basis_func = Model(inputs=self.model.input,
3                      outputs=self.model.get_layer(self.basis_layer).output)
4
5  def get_basis(self, X):
6  return self.basis_func.predict(X)
```

步骤 5：创建贝叶斯线性回归参数拟合方法

现在，情况有些复杂。首先需要定义 fit()方法，该方法将使用 HMC 采样找到模型参数 α、β 和 σ^2。此处会概述这一代码的作用，但要了解更多关于采样的(实践)信息，建议参阅 Osvaldo Martin 所著的 *Bayesian Analysis with Python*。

首先，使用式 4.3～式 4.5 中描述的先验来定义联合分布。得益于 TensorFlow Probability 的 distributions 模块，这个过程非常简单：

```
1 def fit(self, X, y):
2      X = tf.convert_to_tensor(self.get_basis(X), dtype=dtype)
3      y = tf.convert_to_tensor(y, dtype=dtype)
4      y = tf.reshape(y, (-1, 1))
5      D = X.shape[1]
6
7      # Define our joint distribution
8      distribution = tfp.distributions.JointDistributionNamedAutoBatched(
9          dict(
10             sigma=tfp.distributions.HalfNormal(scale=tf.ones([1])),
11             alpha=tfp.distributions.Normal(
```

```
12                      loc=tf.zeros([1]),
13                      scale=tf.ones([1]),
14                  ),
15              beta=tfp.distributions.Normal(
16                      loc=tf.zeros([D,1]),
17                      scale=tf.ones([D,1]),
18                  ),
19              y=lambda beta, alpha, sigma:
20                  tfp.distributions.Normal(
21                      loc=tf.linalg.matmul(X, beta) + alpha,
22                      scale=sigma
23                  )
24              )
25      )
26  ...
```

然后，使用 TensorFlow Probability 的 HamiltonianMonteCarlo 采样器类设置采样器。为此，需要定义目标对数概率函数。distributions 模块使这一步变得相当简单，但仍需要定义一个函数，将模型参数输入分布对象的 log_prob() 方法(第 8 行)。接着就可以将其传递给 hmc_kernel 的实例化：

```
1   ...
2       # Define the log probability function
3       def target_log_prob_fn(beta, alpha, sigma):
4               return distribution.log_prob(beta=beta, alpha=alpha, sigma=sigma, y=y)
5
6       # Define the HMC kernel we'll be using for sampling
7       hmc_kernel = tfp.mcmc.HamiltonianMonteCarlo(
8        target_log_prob_fn=target_log_prob_fn,
9        step_size=self.step_size,
10       num_leapfrog_steps=self.n_leapfrog
11       )
12
13      # We can use adaptive HMC to automatically adjust the kernel step size
14      if self.adaptive:
15        adaptive_hmc = tfp.mcmc.SimpleStepSizeAdaptation(
16            inner_kernel = hmc_kernel,
17            num_adaptation_steps=int(self.n_burnin * 0.8)
18        )
19  ...
```

一切准备就绪后，就可以运行采样器了。为此，将调用 mcmc.sample_chain()函数，并传入 HMC 参数、模型参数的初始状态以及 HMC 采样器。然后，运行采样，返回包含参数样本的 states 和包含采样过程信息的 kernel_results。此处需要关注的是接受样本的比例。如果采样器运行成功，那么接受样本的比例就会很高(表明接受率很高)。如果运行不成功，接受率就会很低(甚至可能为 0%)，那么可能需要调整采样器参数。最后将此结果打印到控制台，以便随时关注接受率(将对 sample_chain() 的调用封装在 run_chain() 函数中，以便扩展到多链采样)：

```
1 ...
2     # If we define a function, we can extend this to multiple chains.
3     @tf.function
4     def run_chain():
5       states, kernel_results = tfp.mcmc.sample_chain(
6         num_results=self.n_samples,
7         num_burnin_steps=self.n_burnin,
8         current_state=[
9               tf.zeros((X.shape[1],1), name='init_model_coeffs'),
10              tf.zeros((1), name='init_bias'),
11              tf.ones((1), name='init_noise'),
12        ],
13        kernel=hmc_kernel
14      )
15    return states, kernel_results
16
17    print(f'Running HMC with {self.n_samples} samples.')
18    states, kernel_results = run_chain()
19
20    print('Completed HMC sampling.')
21    coeffs, bias, noise_std = states
22    accepted_samples = kernel_results.is_accepted[self.n_burnin:]
23    acceptance_rate = 100*np.mean(accepted_samples)
24    # Print the acceptance rate - if this is low, we need to check our
25    # HMC parameters
26    print('Acceptance rate: %0.1f%%' % (acceptance_rate))
```

运行采样器后，便可获取模型参数。将这些参数从"入库后"样本中提取出来，并将其赋值给类变量，供以后推理时使用：

```
1     # Obtain the post-burnin samples
2     self.model_coeffs = coeffs[self.n_burnin:,:,0]
3     self.bias = bias[self.n_burnin:]
4     self.noise_std = noise_std[self.n_burnin:]
```

步骤 6：推理

最后一步是实现函数，利用联合分布的学习参数进行预测。为此，将定义两个函数：get_pred_dist() 和 predict()，get_pred_dist() 将根据输入获取后验预测分布，predict() 将调用 get_pred_dist()，并根据后验分布计算平均值(μ)和标准差(σ)：

```
1     def get_pred_dist(self, X):
2         predictions = (tf.matmul(X, tf.transpose(self.model_coeffs)) +
```

```
3                      self.bias[:,0])
4      noise = (self.noise_std[:,0] *
5                 tf.random.normal([self.noise_std.shape[0]]))
6      return predictions + noise
7
8   def predict(self, X):
9      X = tf.convert_to_tensor(self.get_basis(X), dtype=dtype)
10     pred_dist = np.zeros((X.shape[0], self.model_coeffs.shape[0]))
11     X = tf.reshape(X, (-1, 1, X.shape[1]))
12     for i in range(X.shape[0]):
13        pred_dist[i,:] = self.get_pred_dist(X[i,:])
14
15     y_pred = np.mean(pred_dist, axis=1)
16     y_std = np.std(pred_dist, axis=1)
17     return y_pred, y_std
```

就是这样! 这就是 BLL 实现! 有了这个类, 我们就有了一种强大而有原则的方法, 即通过使用倒数第二层神经网络作为贝叶斯回归的基函数来获得贝叶斯不确定性估计值。使用它十分简单: 只需传递模型并确定要将哪一层用作基函数即可:

```
1 bll = BayesianLastLayer(model, 'layer_2')
2
3 bll.fit(X_train, y_train)
4
5 y_pred, y_std = bll.predict(X_test)
```

虽然这是一个强大的工具, 但它并非完全适合手头任务。你可以自己尝试一下: 尝试创建一个具有更大嵌入层的模型。随着嵌入层大小的增加, 你会发现采样器的接受率开始下降。一旦它足够大, 接受率甚至会下降到 0%。因此, 需要修改采样器的参数: 减小步长、增加采样个数、增加入库采样个数。随着嵌入维度的增加, 获得一组具有代表性的分布样本变得越来越困难。

在某些应用中, 这并不是问题, 但在处理复杂的高维数据时, 这很快就会成为一个问题。计算机视觉、语音处理和分子建模等领域的应用都依赖于高维嵌入。解决方法之一是进一步减少这些嵌入, 例如通过降维。但这样做可能会对这些编码产生不可预知的影响: 事实上, 通过降低维度, 可能会在无意中消除不确定性的来源, 从而导致不确定性估计的质量下降。

那么, 该怎么办呢? 幸运的是, 还可以采用其他一些最后一层方法。接下来, 我们将看看如何使用最后一层舍弃来近似这里介绍的贝叶斯线性回归方法。

6.4.2　最后一层 MC 舍弃

在本章的前面, 我们看到了如何在测试时使用舍弃来获得模型预测的分布。这里, 我们将把这一概念与最后一层不确定性的概念结合起来: 添加 MC 舍弃层, 但只是作为单层添加到预训练网络中。

步骤 1：连接到基础模型
与贝叶斯最后一层方法类似，首先需要获得模型倒数第二层的输出：

```
1 basis_func = Model(inputs=model.input,
2                    outputs=model.get_layer('layer_2').output)
```

步骤 2：添加 MC 舍弃层
现在，不需要实现贝叶斯回归器，而只需实例化一个新的输出层，将舍弃应用到倒数第二层：

```
1 ll_dropout = Sequential()
2 ll_dropout.add(layers.Dropout(0.25))
3 ll_dropout.add(layers.Dense(1, input_dim=8, activation='relu', name='dropout_layer'))
```

步骤 3：训练 MC 舍弃最后一层
由于现在添加了一个新的最后一层，因此需要进行一个额外的训练步骤，这样它就可以学习从倒数第二层到新输出的映射；但由于原始模型完成了所有繁重的工作，所以这种训练在计算上既便宜又快速：

```
1 ll_dropout.compile(optimizer=optimizers.Adam(),
2              loss=losses.MeanSquaredError(),
3              metrics=[metrics.RootMeanSquaredError()],)
4 num_epochs = 50
5 ll_dropout.fit(basis_func.predict(X_train), y_train, epochs=num_epochs)
```

步骤 4：获取不确定性
既然最后一层已经训练好了，就可以实现一个函数，使用 MC 舍弃层的多次前向传递来获得我们预测的平均值和标准差；第 3 行以后的代码在本章前面的开始内容中你应该已经很熟悉了，而第 2 行代码则简单地获得了原始模型倒数第二层的输出：

```
1 def predict_ll_dropout(X, basis_func, ll_dropout, nb_inference):
2     basis_feats = basis_func(X)
3     ll_pred = [ll_dropout(basis_feats, training=True) for _ in range(nb_inference)]
4     ll_pred = np.stack(ll_pred)
5     return ll_pred.mean(axis=0), ll_pred.std(axis=0)
```

步骤 5：推理
剩下的工作就是调用这个函数，获得新模型的输出结果和不确定性估计值：

```
1 y_pred, y_std = predict_ll_dropout(X_test, basis_func, ll_dropout, 50)
```

最后一层 MC 舍弃是目前从预训练网络中获取不确定性估计值的一种最简便的方法。与标准 MC 舍弃不同的是，它不需要从头开始训练模型，因此可以将其事后处理应用于已经训练好的网络。此外，与其他最后一层方法不同的是，它只需几个简单的步骤就能实现，而且不会偏离 TensorFlow 的标准 API。

6.4.3　最后一层方法小结

当需要从预训练的网络中获取不确定性估计值时，最后一层方法是一个极好的工具。考虑到神经网络训练既昂贵又耗时，如果需要预测不确定性，也不必从头开始训练，这是再好不过的。此外，鉴于越来越多的机器学习从业者依赖于最先进的预训练模型，这类技术是一种事后纳入模型不确定性的实用方法。

但最后一层方法也有缺点。与其他方法不同的是，它依赖的是相当有限的变分源：模型的倒数第二层。这就限制了模型输出的随机性，意味着其有可能做出过高置信的预测。在使用最后一层方法时，请记住一点，如果发现有过高置信的标志性迹象，则考虑使用更全面的方法来获取预测的不确定性。

6.5　小结

在本章中，我们已经了解了如何利用熟悉的机器学习和深度学习概念来开发具有预测不确定性的模型。我们还介绍了如何通过相对较小的修改，将不确定性估计值添加到预训练模型中。这意味着我们可以超越标准神经网络使用的点估计方法：利用不确定性获得对模型性能的宝贵见解，从而开发出更强大的应用程序。

然而，与第 5 章介绍的方法一样，所有技术都有优缺点。例如，通过使用最后一层方法，可以灵活地将不确定性添加到任何模型中，但它们受限于模型已经学习到的表征。这可能会导致输出结果的方差非常小，造成模型出现过高置信。同样，虽然集成学习可以获取到网络每一层预测的方差，但其计算成本过高，需要不止一个网络，而是多个网络。

在第 7 章中，我们将更详细地探讨这些方法的优缺点，并了解如何弥补这些方法的不足之处。

第**7**章

贝叶斯深度学习的实际考虑因素

在前两章，即第 5 章和第 6 章中，我们已经了解了一系列有助于利用神经网络进行贝叶斯推理的方法。第 5 章介绍了特殊的贝叶斯神经网络近似，而第 6 章则展示了如何使用机器学习的标准工具箱为模型添加不确定性估计。这些方法各有利弊。在本章中，我们将在实际场景中探讨其中存在的一些差异，以帮助你了解如何为手头的任务选择最佳方法。

我们还将探讨不确定性的不同来源，这可以提高对数据的理解，或能够根据不确定性来源选择不同的异常路径。例如，如果一个模型的不确定性是因为输入数据本身存在噪声，那么你可能希望将数据发送给人工审核。但是，如果由于以前没有见过输入的数据而导致模型出现不确定性，那么将该数据添加到模型中可能会有所帮助，以便它可以减少对此类数据的不确定性估计。

贝叶斯深度学习技术可以帮助你区分这些不确定性来源。

本章主要内容：
- 平衡不确定性质量和计算考虑因素
- 贝叶斯深度学习和不确定性来源

7.1 技术要求

要完成本章的实践任务，需要在 Python 3.8 环境中安装 SciPy 和 scikit-learn 栈，并安装以下额外的 Python 软件包：
- TensorFlow 2.0
- TensorFlow Probability

所有代码都可以在本书的 GitHub 仓库中找到，网址为 https://github.com/PacktPublishing/Enhancing-Deep-Learning-with-Bayesian-Inference；也可以通过扫描本书封底的二维码进行下载。

7.2 平衡不确定性质量和计算考虑因素

虽然贝叶斯方法有很多优点，但也需要在内存和计算开销方面进行权衡。考虑这些因素对于在实际应用中选择最合适的方法至关重要。

在本节中，我们将研究不同方法在性能和不确定性质量方面的权衡，并学习如何使用TensorFlow 的分析工具来衡量与不同模型相关的计算成本。

7.2.1 设置实验

为了评估不同模型的性能，需要使用一些不同的数据集。其中一个是加利福尼亚住房数据集，它由 scikit-learn 提供，非常方便。而我们将使用的其他数据集是有关"比较不确定性模型"的论文中常用的数据集：葡萄酒质量数据集和混凝土抗压强度数据集。接下来看看这些数据集的详细情况：

- **加州住房**：该数据集包括从 1990 年加州人口普查中得出的加州不同地区住房的一些特征。因变量是房屋价值，以每个街区房屋价值的中位数提供。在较早的论文中，可能会看到使用波士顿住房数据集；但由于波士顿住房数据集存在伦理问题，现在加州住房数据集更受青睐。
- **葡萄酒质量**：葡萄酒质量数据集包含与各种不同葡萄酒的化学成分有关的特征。而此例子中将要预测的值是葡萄酒的主观品质。
- **混凝土抗压强度**：混凝土抗压强度数据集的特征描述了用于混合混凝土的成分，每个数据点都是不同的混凝土混合物。因变量是混凝土的抗压强度。

下面的实验将使用本书 GitHub 仓库中的代码(https://github.com/PacktPublishing/Bayesian-Deep-Learning)，我们在前面的章节中以不同的形式看到过这些代码。本示例假定在该仓库中运行代码。

导入依赖项
像往常一样，首先要导入依赖项：

```
1 import tensorflow as tf
2 import numpy as np
3 import matplotlib.pyplot as plt
4 import tensorflow_probability as tfp
5 from sklearn.metrics import accuracy_score, mean_squared_error
6 from sklearn.datasets import fetch_california_housing, load_diabetes
7 from sklearn.model_selection import train_test_split
8 import seaborn as sns
9 import pandas as pd
10 import os
11
12 from bayes_by_backprop import BBBRegressor
13 from pbp import PBP
```

```
14 from mc_dropout import MCDropout
15 from ensemble import Ensemble
16 from bdl_ablation_data import load_wine_quality, load_concrete
17 from bdl_metrics import likelihood
```

这里，可以看到正在使用仓库中定义的许多模型类。虽然这些类各自支持不同的模型架构，但其将使用 constants.py 中定义的默认结构。该结构包括一个由 64 个单元组成的单个稠密连接隐藏层和一个单个稠密连接输出层。我们还将使用贝叶斯反向传播和概率反向传播对应的结构，并将其定义为各自类中使用的默认结构。

准备数据和模型

现在，需要准备数据和模型来运行实验。首先，创建一个字典，可以通过遍历它来访问不同数据集的数据：

```
1 datasets = {
2     "california_housing": fetch_california_housing(return_X_y=True, as_frame=True),
3     "diabetes": load_diabetes(return_X_y=True, as_frame=True),
4     "wine_quality": load_wine_quality(),
5     "concrete": load_concrete(),
6 }
```

接下来，将创建另一个字典，以便遍历不同的贝叶斯深度学习模型：

```
1 models = {
2     "BBB": BBBRegressor,
3     "PBP": PBP,
4     "MCDropout": MCDropout,
5     "Ensemble": Ensemble,
6 }
```

最后，将创建一个字典来保存结果：

```
1 results = {
2     "LL": [],
3     "MSE": [],
4     "Method": [],
5     "Dataset": [],
6 }
```

这里可以看到，我们将记录两个结果：对数似然和均方误差。使用这些指标是因为我们正在研究回归问题，但对于分类问题，可以选择用 F 分数或准确率来代替均方误差，用预期校准误差来代替对数似然。我们还将在 Method 字段中存储模型类型，在 dataset 字段中存储数据集。

运行实验

现在可以运行实验了。不过，我们不仅对模型性能感兴趣，还对各种模型的计算因素感兴趣。因此，我们将在下面的代码中看到对 tf.profiler 的调用。不过，首先需要设置几个参数：

```
1 # Parameters
2 epochs = 10
3 batch_size = 16
4 logdir_base = "profiling"
```

这里，需要设置每个模型的训练迭代周期，以及每个模型使用的批量大小。此外，还要设置 logdir_base，即所有分析日志将写入的位置。

现在，可以输入实验代码了。我们将首先遍历数据集：

```
1 for dataset_key in datasets.keys():
2     X, y = datasets[dataset_key]
3     X_train, X_test, y_train, y_test = train_test_split(X, y, test_size=0.33)
4     ...
```

这里，可以看到，对每个数据集都需进行数据划分，将 2/3 的数据用于训练，而 1/3 的数据用于测试。

接下来，对模型进行迭代：

```
1     ...
2     for model_key in models.keys():
3         logdir = os.path.join(logdir_base, model_key + "_train")
4         os.makedirs(logdir, exist_ok=True)
5         tf.profiler.experimental.start(logdir)
6         ...
```

对于每个模型，都会实例化一个新的日志目录来记录训练信息。然后实例化模型并运行 model.fit()：

```
1         ...
2         model = models[model_key]()
3         model.fit(X_train, y_train, batch_size=batch_size, n_epochs=epochs)
```

一旦模型拟合成功，便停止运行分析器，并创建一个新的目录来记录预测信息，然后再次启动分析器：

```
1         ...
2         tf.profiler.experimental.stop()
3         logdir = os.path.join(logdir_base, model_key + "_predict")
4         os.makedirs(logdir, exist_ok=True)
5         tf.profiler.experimental.start(logdir)
6         ...
```

运行分析器后，则运行预测，之后再次停止运行分析器。有了预测结果，就可以计算均方误差和对数似然，并将其存储到 results 字典中。最后，运行 tf.keras.backend.clear_session()，在 model 循环中进行每次实验后清除 TensorFlow 图：

```
1     ...
2     y_pred, y_var = model.predict(X_test)
3
4     tf.profiler.experimental.stop()
5
6     y_pred = y_pred.reshape(-1)
7     y_var = y_var.reshape(-1)
8
9     mse = mean_squared_error(y_test, y_pred)
10    ll = likelihood(y_test, y_pred, y_var)
11    results["MSE"].append(mse)
12    results["LL"].append(ll)
13    results["Method"].append(model_key)
14    results["Dataset"].append(dataset_key)
15    tf.keras.backend.clear_session()
16 ...
```

得到所有模型和所有数据集的结果后，将结果字典转换为 pandas DataFrame：

```
1 ...
2 results = pd.DataFrame(results)
```

现在可以分析数据了！

7.2.2　分析模型性能

有了实验获得的数据，就可以绘制曲线，看看哪些模型在哪些数据集上表现最佳。为此，将使用以下绘图代码：

```
1 results['NLL'] = -1*results['LL']
2
3 i = 1
4 for dataset in datasets.keys():
5   for metric in ["NLL", "MSE"]:
6       df_plot = results[(results['Dataset']==dataset)]
7       df_plot = groupedvalues = df_plot.groupby('Method').sum().reset_index()
8       plt.subplot(3,2,i)
9       ax = sns.barplot(data=df_plot, x="Method", y=metric)
10      for index, row in groupedvalues.iterrows():
11          if metric == "NLL":
12              ax.text(row.name, 0, round(row.NLL, 2),
13                  color='white', ha='center')
14          else:
```

```
15                       ax.text(row.name, 0, round(row.MSE, 2),
16                           color='white', ha='center')
17          plt.title(dataset)
18          if metric == "NLL" and dataset == "california_housing":
19              plt.ylim(0, 100)
20          i+=1
21 fig = plt.gcf()
22 fig.set_size_inches(10, 8)
23 plt.tight_layout()
```

注意，最初我们在 pandas DataFrame 中添加了一个"NLL"字段，该字段提供了负对数似然。这样你在看图的时候就不会感到困惑，因为均方误差和负对数似然值都越低越好。

代码会遍历数据集和指标，并在 Seaborn 绘图库的帮助下创建一些漂亮的条形图。此外，还调用 ax.text() 将指标值叠加到条形图上，这样就能清楚地看到指标值。

另外注意，对于加州住房数据，将负对数似然法的 y 值上限设定为 100。这是因为，对于该数据集，这一负对数似然值非常高，这使得很难将其与其他值结合起来查看。这也是叠加指标值的另一个原因，当其中一个值超过图的极限时，便可很容易地进行比较。图 7.1 所示为 LL 和 MSE 实验结果条形图。

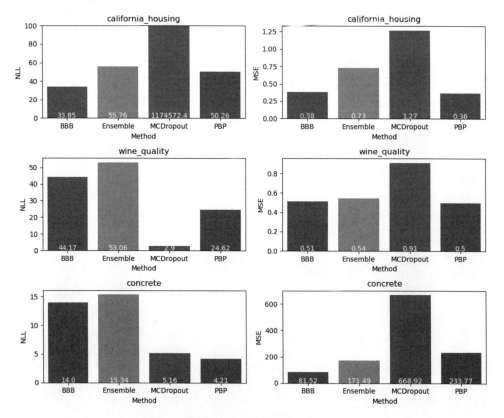

图 7.1　LL 和 MSE 实验结果条形图

值得注意的是，为了进行公平比较，我们在所有模型中都使用了相同的体系架构、相同的批量大小，并进行了相同次数的迭代周期训练。

正如你在这里所见，并不存在单一的最佳方法：根据数据类型的不同，每个模型的表现也不尽相同，而且均方误差低的模型并不能保证负对数似然分数也低。一般来说，MC 舍弃表现出最差的均方误差分数；但是，在"葡萄酒质量"数据集的实验中，它也产生了最好的负对数似然分数(2.9)。这是因为，虽然它在误差方面通常表现较差，但其不确定性却非常高。因此，由于它在误差区域的不确定性较高，它产生的负对数似然分数也更高。如果将误差与不确定性进行对比，就会发现这一点，如图 7.2 所示。

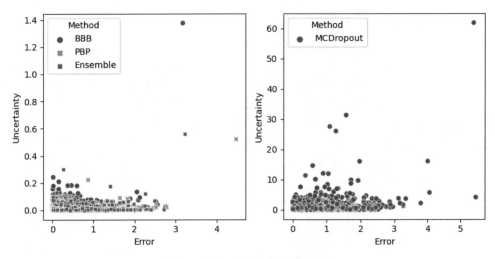

图 7.2 误差与不确定性估计值的散点图

在图 7.2 中，可以看到贝叶斯反向传播、概率反向传播和集成的结果位于左边，而 MC 舍弃的结果位于右边。这是因为 MC 舍弃的不确定性估计值比其他方法得出的不确定性估计值高出两个数量级，因此无法在同一坐标轴上清晰地表示出来。这些非常高的不确定性也是 MC 舍弃的负对数似然分数相对较低的原因。对于 MC 舍弃而言，这是一个相当令人惊讶的例子，因为它通常有过高置信，而在本例中，它却明显置信不高。

虽然 MC 舍弃的较低置信可能会产生更好的似然分数，但这些指标需要结合具体情况来考虑；我们通常希望在似然和误差之间取得良好的平衡。因此，就葡萄酒质量数据而言，概率反向传播可能是最佳选择，因为其误差最小，同时也具有合理的似然分数；其负对数似然分数并没有低到让人怀疑的程度，但也低到足以让人知道这样一个事实：不确定性估计具有一致性和原则性。

在其他数据集中，选择则更为简单明了：贝叶斯反向传播显然是加利福尼亚住房数据集的赢家，而概率反向传播则再次证明在混凝土抗压强度数据集中它是明智的选择。需要注意的是，这些网络都没有针对这些数据集进行专门优化：这只是一个示例。

最重要的是，这将取决于具体应用以及鲁棒不确定性估计的重要性。例如，在安全至关重要的情况下，你会希望使用具有最鲁棒不确定性估计的方法，因此你可能会倾向于使用具有低置信度的方法，而不是误差较低的方法，因为你希望确保只有在对模型结果非常有信心的情况下才使用该模型。在这种情况下，你可能会选择使用低置信度但似然值较高(负似然值较低)的方法，例如葡萄酒质量数据集中采用的 MC 舍弃。

在其他情况下，也许不确定性根本不重要，那么可以直接使用标准的神经网络。但在大多数任务关键型或安全关键型应用中，取得平衡才是众望所归，既能利用模型不确定性估计提供的额外信息，同时还能获得较低的误差分数。然而实际上，在开发机器学习系统时，这些性能指标并不是需要考虑的唯一因素，我们还需关心其实际影响。在下一节中，我们将看到这些模型的计算要求是如何相互叠加的。

7.2.3 贝叶斯深度学习模型的计算考虑因素

对于机器学习在现实世界中的每一个应用来说，除了考虑性能，还需要了解计算基础设施的实际限制。它们通常受几方面因素的制约，但现有基础设施和成本问题往往会反复出现。

现有基础设施通常很重要，因为除非是全新的项目，否则就需要研究如何整合机器学习模型，这就意味着需要在硬件或软件堆栈上寻找或申请额外的计算资源。成本是一个重要因素，这一点不足为奇：每个项目都有预算，而解决方案中机器学习组件所花费的成本需要与它所提供的优势相平衡。预算通常会根据训练、部署和运行推理所需的计算资源成本来决定哪些机器学习解决方案是可行的。

为了深入了解这些方法在计算要求方面的差异，我们将查看实验代码中包含的 TensorFlow 分析器的输出。为此，只需从命令行运行 TensorBoard，并指向我们感兴趣的特定模型的日志目录：

```
1 tensorboard --logdir profiling/BBB_train/
```

这将启动一个 TensorBoard 实例(通常位于 http://localhost:6006/)。将 URL 复制到浏览器中，即可看到 TensorBoard GUI。TensorBoard 提供了一套工具，用于了解 TensorFlow 模型的性能，涵盖从执行时间一直到不同进程的内存分配等方面。你可以通过图 7.3 左上角的 Tools 选择框滚动浏览可用的工具。

图 7.3 TensorBoard 图形用户界面中的工具选择框

要详细了解发生了什么，请查看图 7.4 所示的跟踪查看器。

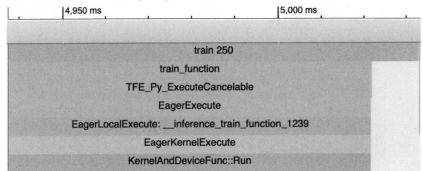

图 7.4　TensorBoard 图形用户界面中的跟踪查看器

这里，可以全面了解模型函数的运行时间，还可以详细了解底层运行了哪些进程，以及每个进程所需的运行时间。甚至可以通过双击某个进程块，查看其统计数据，从而进行更深入的挖掘。例如，我们可以双击**训练(train)**模块，突出显示训练模块，如图 7.5 所示。

train 250

train_function

TFE_Py_ExecuteCancelable

EagerExecute

EagerLocalExecute: __inference_train_function_1239

EagerKernelExecute

KernelAndDeviceFunc::Run

图 7.5　TensorBoard 图形用户界面的跟踪查看器，突出显示训练模块

这将在屏幕底部显示一些信息。这样就可以仔细查看该进程的运行时间。如果我们单击**Duration**，就会看到进程运行持续时间统计的明细，如图 7.6 所示。

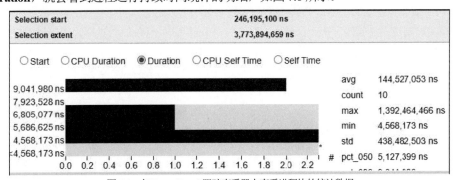

图 7.6　在 TensorBoard 跟踪查看器中查看进程块的统计数据

这里，可以看到进程运行了 10 次(每个迭代周期一次)，平均持续时间为 144,527,053 毫微秒(纳秒)。可使用混凝土压缩强度数据集的分析器结果，并使用 TensorBoard 收集运行时间和内存分配信息。如果对每个模型的训练运行过程都这样做，就会得到如图 7.7 所示的信息。

模型训练剖析数据		
模型	内存使用峰值(MiB)	持续时间(ms)
贝叶斯反向传播	0.09	4,270
PBP	0.253	10,754
MC 舍弃	0.126	2,198
集成	0.215	20,630

图 7.7   混凝土压缩强度数据集模型训练的剖析数据表

这里，可以看到 MC 舍弃是训练该数据集最快的模型，所需的时间是贝叶斯反向传播的一半。还可以看到，尽管集成学习只包括五个模型，但是它的训练时间是迄今为止最长的，几乎是 MC 舍弃训练时间的 10 倍。在内存使用方面，可以看到集成学习的表现同样不佳，但概率反向传播是最耗费内存的模型，而贝叶斯反向传播的内存使用峰值最低。

但重要的不仅仅是训练。还需要考虑推理的计算成本。可以查看模型预测函数的剖析数据，结果如图 7.8 所示。

模型预测剖析数据		
模型	内存使用峰值(MiB)	持续时间(ms)
贝叶斯反向传播	0.116	849
PBP	1.27	176
MC 舍弃	0.548	23
集成	0.389	17

图 7.8   混凝土压缩强度数据集模型预测的剖析数据表

有趣的是，这里可以看到，集成在模型推理速度方面处于领先地位，而且在预测过程的内存使用峰值方面也排在第二位。相比之下，概率反向传播的峰值内存使用率最高，而贝叶斯反向传播的推理时间最长。

造成这种结果的因素有很多。首先，需要注意的是，这些模型都没有针对计算性能进行适当优化。例如，可以通过并行集训所有集成成员来大大缩短集训时间，但我们并没有这样做。同样，由于概率反向传播在实现过程中使用了大量高级代码(不像其他方法都是基于经过很好优化的 TensorFlow 或 TensorFlow Probability 代码构建的)，其性能也因此受到了影响。

最关键的是，需要确保在选择合适的模型时，既要考虑计算成本的影响，也要考虑典型的性能指标。那么，考虑到这些因素，该如何选择合适的模型呢？

7.2.4   选择正确的模型

有了性能指标和分析信息，我们就掌握了为任务选择正确模型所需的所有数据。但是，模型选择并不容易；可以看到，所有模型都有优缺点。

如果从性能指标入手，就会发现贝叶斯反向传播的均方误差最小，但其负对数似然值也非常高。因此，单从性能指标来看，最佳选择是概率反向传播：其负对数似然分数最低，而且其均方误差远不及 MC 舍弃的误差，综合来看，概率反向传播是最佳选择。

但是，如果看一下图 7.7 和图 7.8 中的计算结果，就会发现概率反向传播在内存占用和执行时间方面都是最差的选择。总的来说，最好的选择是 MC 舍弃：其预测时间只比集成学习的预测时间慢一点，且训练时间最短。

说到底，这完全取决于应用：也许推理并不需要实时运行，因此可以使用概率反向传播实现。或者，推理时间短和低误差是我们的主要考虑因素，在这种情况下，集成学习是一个不错的选择。正如你在这里所见，衡量标准和计算开销需要结合具体情况来考虑，而且与任何一类机器学习模型一样，并不存在适合所有应用的单一最佳选择。关键在于选择合适的工具。

在本节中，我们介绍了全面了解模型性能的工具，并展示了在选择模型时考虑一系列因素的重要性。从根本上说，性能分析和剖析对于帮助我们做出正确的实际选择和发现进一步改进的机会同样重要。我们可能没有时间进一步优化代码，因此可能需要实事求是，采用手头上计算优化效果最好的方法。另一种情况是，业务案例可能要求使用性能最好的模型，这就需要投入时间来优化代码，减少特定方法具有的计算开销。在下一节中，我们将了解使用贝叶斯深度学习方法的另一个重要实际考虑因素，即如何使用这些方法更好地理解不确定性来源。

7.3　贝叶斯深度学习和不确定性来源

在本案例研究中，我们将探讨当试图预测一个连续结果变量时，如何在回归问题中为随机不确定性和认知不确定性建模。我们将使用一个真实的钻石数据集，其中包含 50,000 多颗钻石的物理属性及其价格。特别是，我们将研究钻石重量(以**克拉**计算)与钻石价格之间的关系。

步骤 1：建立环境

为了建立环境，需要导入几个软件包。导入 tensorflow 和 tensorflow_probability 用于构建和训练原始神经网络和概率神经网络，利用 tensorflow_datasets 导入钻石数据集，导入 numpy 用于对数值数组执行计算和操作(例如计算平均值)，导入 pandas 用于处理 DataFrames，导入 matplotlib 用于绘图：

```
1 import matplotlib.pyplot as plt
2 import numpy as np
3 import pandas as pd
4 import tensorflow as tf
5 import tensorflow_probability as tfp
6 import tensorflow_datasets as tfds
```

首先，使用 tensorflow_datasets 提供的 load 函数加载钻石数据集。以 pandas DataFrame 的形式加载数据集，便于为训练和推理准备数据。

```
1 ds = tfds.load('diamonds', split='train')
2 df = tfds.as_dataframe(ds)
```

数据集包含钻石的许多不同属性，但在此我们将从 DataFrame 中选择相应的列，重点关注克拉数和价格：

```
1 df = df[["features/carat", "price"]]
```

然后，将数据集划分为训练和测试两部分。将 80% 的数据用于训练，20% 的数据用于测试：

```
1 train_df = df.sample(frac=0.8, random_state=0)
2 test_df = df.drop(train_df.index)
```

为了进一步处理，我们将训练和测试 DataFrames 转换为 NumPy 数组：

```
1 carat = np.array(train_df['features/carat'])
2 price = np.array(train_df['price'])
3 carat_test = np.array(test_df['features/carat'])
4 price_test = np.array(test_df['price'])
```

我们还将训练样本的数量保存为一个变量，因为在以后的模型训练中会用到它：

```
1 NUM_TRAIN_SAMPLES = carat.shape[0]
```

最后，定义一个绘图函数。该函数将在接下来的案例研究中派上用场。通过它，可以绘制数据点、拟合模型预测值及其标准差：

```
1 def plot_scatter(x_data, y_data, x_hat=None, y_hats=None, plot_std=False):
2     # Plot the data as scatter points
3     plt.scatter(x_data, y_data, color="k", label="Data")
4     # Plot x and y values predicted by the model, if provided
5     if x_hat is not None and y_hats is not None:
6         if not isinstance(y_hats, list):
7             y_hats = [y_hats]
8         for ind, y_hat in enumerate(y_hats):
9             plt.plot(
10                 x_hat,
11                 y_hat.mean(),
12                 color="#e41a1c",
13                 label="Prediction" if ind == 0 else None,
14             )
15     # Plot standard deviation, if requested
16     if plot_std:
17         for ind, y_hat in enumerate(y_hats):
18             plt.plot(
19                 x_hat,
20                 y_hat.mean() + 2 * y_hat.stddev(),
21                 color="#e41a1c",
22                 linestyle="dashed",
```

```
23              label="Prediction + stddev" if ind == 0 else None,
24          )
25      plt.plot(
26          x_hat,
27          y_hat.mean() - 2 * y_hat.stddev(),
28          color="#e41a1c",
29          linestyle="dashed",
30          label="Prediction - stddev" if ind == 0 else None,
31      )
32      # Plot x- and y-axis labels as well as a legend
33      plt.xlabel("carat")
34      plt.ylabel("price")
35      plt.legend()
```

使用该函数，可以通过运行以下代码初步查看训练数据：

```
1 plot_scatter(carat, price)
```

训练数据分布如图 7.9 所示。结果发现克拉数与钻石价格之间的关系是非线性的，克拉数越高，价格增长越快。

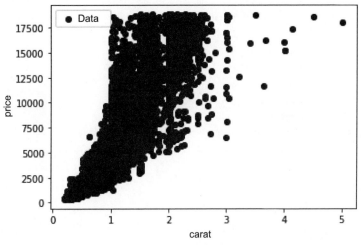

图 7.9　钻石克拉数与价格之间的关系

步骤 2：拟合无不确定性模型

完成设置后，就可以将一些回归模型拟合到数据中了。首先拟合一个神经网络模型，但不对预测的不确定性进行量化。这样就可以建立一个基线，并引入一些对本案例研究中所有模型都有用的工具(函数)。

建议对神经网络模型的输入特征进行归一化处理。在本例中，这意味着将以克拉为单位的钻石重量归一化。归一化输入特征将使模型在训练过程中收敛得更快。tensorflow.keras 提供了一个简便的归一化函数，可以做到这一点。可以按如下方式使用它：

```
1 normalizer = tf.keras.layers.Normalization(input_shape=(1,), axis=None)
2 normalizer.adapt(carat)
```

此外，还需要一个损失函数，最好可以用于本案例研究中的所有模型。回归模型可以表述为 $P(y|x,w)$，即在输入 x 和模型参数 w 的条件下求出标签 y 的概率分布。可以通过最小化负对数似然损失 $-\log P(y|x)$ 拟合这样的数据模型。在 Python 代码中，这可以写成一个函数，将真实结果值 y_true 和预测结果分布 y_pred 作为输入，并返回预测结果分布下结果值的负对数似然值，这可以通过 tensorflow_probability 中 distributions 模块提供的 log_prob()方法来实现：

```
1 def negloglik(y_true, y_pred):
2     return -y_pred.log_prob(y_true)
```

有了这些工具，便可构建第一个模型。使用刚才定义的归一化函数对模型输入进行归一化。接着，在上面堆叠两个稠密层。第一个稠密层由 32 个节点组成。这样就可以对数据中观察到的非线性特征进行建模。第二个稠密层由一个节点组成，以便将模型预测值缩减为单一值。重要的是，我们不会将第二个稠密层产生的输出作为模型输出。相反，使用稠密层输出来参数化正态分布平均值，这意味着使用正态分布来建模基础真值标签。此外，还需将正态分布的方差设为 1。在将方差设置为固定值的同时，参数化分布的平均值意味着我们正在对数据的总体变化趋势进行建模，而尚未量化模型预测中的不确定性：

```
 1 model = tf.keras.Sequential(
 2    [
 3       normalizer,
 4       tf.keras.layers.Dense(32, activation="relu"),
 5       tf.keras.layers.Dense(1),
 6       tfp.layers.DistributionLambda(
 7          lambda t: tfp.distributions.Normal(loc=t, scale=1)
 8       ),
 9    ]
10 )
```

正如你在之前的案例研究中所见，为了训练模型，我们使用了 compile()和 fit()函数。在编译模型时，指定 Adam 优化器和之前定义的损失函数。对于 fit 函数，则指定要在克拉和价格数据上对模型进行 100 次迭代周期的训练：

```
1 # Compile
2 model.compile(optimizer=tf.optimizers.Adam(learning_rate=0.01), loss=negloglik)
3 # Fit
4 model.fit(carat, price, epochs=100, verbose=0)
```

然后，就可以获得模型对所保留测试数据的预测结果，并使用 plot_scatter()函数对所有结果进行可视化处理：

```
1 # Define range for model input
2 carat_hat = tf.linspace(carat_test.min(), carat_test.max(), 100)
3 # Obtain model's price predictions on test data
4 price_hat = model(carat_hat)
5 # Plot test data and model predictions
6 plot_scatter(carat_test, price_test, carat_hat, price_hat)
```

结果如图 7.10 所示。

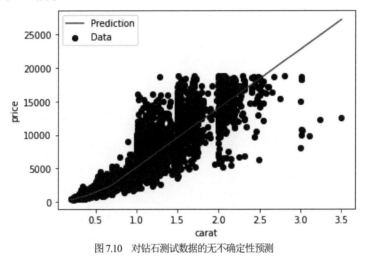

图 7.10　对钻石测试数据的无不确定性预测

从图 7.10 中可以看到，模型获取了数据的非线性趋势。随着钻石重量的增加，模型预测价格也快速上升。

然而，数据中还有一个明显的趋势是模型没有获取到的。可以观察到，随着钻石重量的增加，价格的变化也越来越大。在重量较低时，只能观察到拟合线附近的少量散点，但重量越高，散点越多。我们可以将这种变化视为问题的固有特性。也就是说，即使有更多的训练数据，仍然无法准确地预测价格，尤其是钻石重量较高时的价格。这种变分可变性就是随机不确定性，我们在第 4 章中遇到过，在下一小节中将对其仔细研究。

步骤 3：拟合具有随机不确定性的模型

除了预测正态分布的平均值，还可通过预测正态分布的标准差来解释模型中存在的随机不确定性。与之前一样，构建一个包含一个归一化层和两个稠密层的模型。不过，这次第二个稠密层将输出两个值，而不是一个值。第一个输出值将再次用于参数化正态分布的平均值。但第二个输出值将对正态分布的方差进行参数化，这样就可以量化模型预测中的随机不确定性：

```
1 model_aleatoric = tf.keras.Sequential(
2     [
3         normalizer,
4         tf.keras.layers.Dense(32, activation="relu"),
5         tf.keras.layers.Dense(2),
```

```
6        tfp.layers.DistributionLambda(
7            lambda t: tfp.distributions.Normal(
8                loc=t[..., :1], scale=1e-3 + tf.math.softplus(0.05 * t[..., 1:])
9            )
10       ),
11   ]
12 )
```

再次对权重和价格数据进行编译和拟合：

```
1 # Compile
2 model_aleatoric.compile(
3     optimizer=tf.optimizers.Adam(learning_rate=0.05), loss=negloglik
4 )
5 # Fit
6 model_aleatoric.fit(carat, price, epochs=100, verbose=0)
```

现在，可获得测试数据的预测结果并将其可视化。注意，这次我们使用 plot_std=True，以便同时绘制预测输出分布的标准差：

```
1 carat_hat = tf.linspace(carat_test.min(), carat_test.max(), 100)
2 price_hat = model_aleatoric(carat_hat)
3 plot_scatter(
4     carat_test, price_test, carat_hat, price_hat, plot_std=True,
5 )
```

现在我们已训练出了一个模型，用于表示数据固有的变化。图 7.11 中的误差虚线显示了作为权重函数的预测价格变化。可以观察到，当重量超过 1 克拉时，模型对价格的预测确实不太确定，这反映了在较高重量范围内观察到的数据中具有较大的分散性。

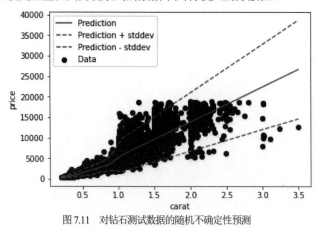

图 7.11　对钻石测试数据的随机不确定性预测

步骤 4：拟合具有认知不确定性的模型

除了随机不确定性，我们还要处理认知不确定性——这种不确定性不是来自数据，而是来自模型。例如，回看图 7.11，实线代表模型预测的平均值，似乎很好地获取到了数据的变化趋势。但是，由于训练数据有限，我们无法百分之百确定找到了潜在数据分布的真实平均值。也许真正的平均值实际上比我们估计的要大一点或小一点。在本节中，我们将探讨如何对这种不确定性进行建模，还将看到通过观察更多数据可以减少认知不确定性。

认知不确定性建模的诀窍在于，再次用分布而不是点估计值来表示神经网络中的权重。可以用 tensorflow_probability 中的 DenseVariational 层替换之前使用的稠密层，从而实现这一目标。这将实现我们在第 5 章中首次了解到的贝叶斯反向传播。简言之，使用贝叶斯反向传播时，会利用变分学习原理学习网络权重的后验分布。为此，需要定义先验和后验分布函数。

注意，第 5 章中介绍的贝叶斯反向传播代码示例使用了预定义的 tensorflow_probability 模块，通过重参数化技巧实现了二维卷积和稠密层，从而隐式地定义了先验函数和后验函数。在本例中，我们将自己定义稠密层的先验函数和后验函数。

首先定义稠密层权重(核和偏置项)的先验值。先验分布是在我们观察到任何数据之前对权重的不确定性进行建模。它可以使用多元正态分布来定义，该分布具有可训练的平均值和固定为 1 的方差：

```python
1 def prior(kernel_size, bias_size=0, dtype=None):
2     n = kernel_size + bias_size
3     return tf.keras.Sequential(
4         [
5             tfp.layers.VariableLayer(n, dtype=dtype),
6             tfp.layers.DistributionLambda(
7                 lambda t: tfp.distributions.Independent(
8                     tfp.distributions.Normal(loc=t, scale=1),
9                     reinterpreted_batch_ndims=1,
10                )
11            ),
12        ]
13    )
```

我们还定义了变分后验。变分后验是我们观察到训练数据后稠密层权值分布的近似。再次使用多元正态分布：

```python
1 def posterior(kernel_size, bias_size=0, dtype=None):
2     n = kernel_size + bias_size
3     c = np.log(np.expm1(1.0))
4     return tf.keras.Sequential(
5         [
6             tfp.layers.VariableLayer(2 * n, dtype=dtype),
7             tfp.layers.DistributionLambda(
8                 lambda t: tfp.distributions.Independent(
9                     tfp.distributions.Normal(
10                        loc=t[..., :n],
11                        scale=1e-5 + tf.nn.softplus(c + t[..., n:]),
12                    ),
```

```
13                      reinterpreted_batch_ndims=1,
14                  )
15              ),
16          ]
17      )
```

有了这些先验函数和后验函数，便可定义模型了。与之前一样，使用归一化层对输入进行归一化，然后将两个稠密层堆叠在一起。但这一次，稠密层将以分布而不是点估计值来表示参数。我们通过使用 tensorflow_probability 中的 DenseVariational 层以及先验函数和后验函数来实现这一点。最后的输出层为正态分布，其方差设为1，其平均值由前面 DenseVariational 层的输出参数化：

```
1 def build_epistemic_model():
2   model = tf.keras.Sequential(
3     [
4       normalizer,
5       tfp.layers.DenseVariational(
6           32,
7           make_prior_fn=prior,
8           make_posterior_fn=posterior,
9           kl_weight=1 / NUM_TRAIN_SAMPLES,
10          activation="relu",
11      ),
12      tfp.layers.DenseVariational(
13          1,
14          make_prior_fn=prior,
15          make_posterior_fn=posterior,
16          kl_weight=1 / NUM_TRAIN_SAMPLES,
17      ),
18      tfp.layers.DistributionLambda(
19          lambda t: tfp.distributions.Normal(loc=t, scale=1)
20      ),
21    ]
22  )
23 return model
```

为了观察可用训练数据量对认知不确定性估计的影响，首先在一小部分数据上拟合模型，然后再在所有可用训练数据上拟合模型。从训练数据集中提取前 500 个样本：

```
1 carat_subset = carat[:500]
2 price_subset = price[:500]
```

像以前一样构建、编译和拟合模型：

```
1 # Build
2 model_epistemic = build_epistemic_model()
```

```
3 # Compile
4 model_epistemic.compile(
5     optimizer=tf.optimizers.Adam(learning_rate=0.01), loss=negloglik
6 )
7 # Fit
8 model_epistemic.fit(carat_subset, price_subset, epochs=100, verbose=0)
```

　　然后获取测试数据并绘制预测图。注意，此处从后验分布中采样 10 次，这样就能观察到预测平均值在每次采样迭代中的变化程度。如果预测的平均值变化很大，就意味着估计的认知不确定性很大，而如果平均值变化很小，则估计的认知不确定性很小：

```
1 carat_hat = tf.linspace(carat_test.min(), carat_test.max(), 100)
2 price_hats = [model_epistemic(carat_hat) for _ in range(10)]
3 plot_scatter(
4     carat_test, price_test, carat_hat, price_hats,
5 )
```

　　在图 7.12 中，可以观察到预测平均值在 10 个不同样本中的变化。有趣的是，在权重较低时，变分(以及认知不确定性)似乎较小，且随着权重的增加而增大。

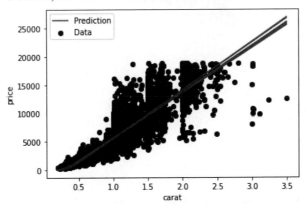

图 7.12　钻石测试数据中认知不确定性较高的预测结果

　　为了验证可以通过训练更多数据来降低认知不确定性，我们将在完整训练数据集上训练模型：

```
1 # Build
2 model_epistemic_full = build_epistemic_model()
3 # Compile
4 model_epistemic_full.compile(
5     optimizer=tf.optimizers.Adam(learning_rate=0.01), loss=negloglik
6 )
7 # Fit
8 model_epistemic_full.fit(carat, price, epochs=100, verbose=0)
```

然后绘制完整数据模型的预测图：

```
1 carat_hat = tf.linspace(carat_test.min(), carat_test.max(), 100)
2 price_hats = [model_epistemic_full(carat_hat) for _ in range(10)]
3 plot_scatter(
4     carat_test, price_test, carat_hat, price_hats,
5 )
```

不出所料，从图7.13中可以看到，现在认知不确定性大大降低了，而且预测的平均值在10个样本中的变化很小(以至于很难看到10条红色曲线之间有什么区别)：

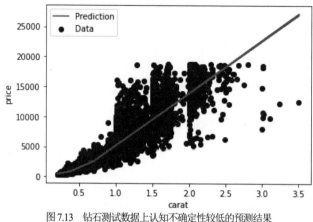

图7.13　钻石测试数据上认知不确定性较低的预测结果

步骤5：拟合具有随机不确定性和认知不确定性的模型

作为最后一步，可以将所有的构建块组合在一起来构建一个神经网络，既可以建模随机不确定性，也可以建模认知不确定性。为此，可以使用两个 DenseVariational 层(由此使我们可对认知不确定性进行建模)，然后在其上堆叠一个正态分布层，该层的平均值和方差由第二个 DenseVariational 层的输出参数化(由此使我们可对随机不确定性进行建模)：

```
1 # Build model.
2 model_epistemic_aleatoric = tf.keras.Sequential(
3     [
4         normalizer,
5         tfp.layers.DenseVariational(
6             32,
7             make_prior_fn=prior,
8             make_posterior_fn=posterior,
9             kl_weight=1 / NUM_TRAIN_SAMPLES,
10            activation="relu",
11        ),
12        tfp.layers.DenseVariational(
13            1 + 1,
14            make_prior_fn=prior,
15            make_posterior_fn=posterior,
```

```
16                 kl_weight=1 / NUM_TRAIN_SAMPLES,
17             ),
18         tfp.layers.DistributionLambda(
19             lambda t: tfp.distributions.Normal(
20                 loc=t[..., :1], scale=1e-3 + tf.math.softplus(0.05 * t[..., 1:])
21             )
22         ),
23     ]
24 )
```

　　我们可以按照与之前相同的步骤构建和训练这个模型。然后，可以再次对测试数据进行 10 次推理，得出如图 7.14 所示的预测结果。现在，每 10 次推理都会得出预测的平均值和标准差。标准差代表了每次推理的估计随机不确定性，而在不同推理中观察到的变化代表了认知不确定性。

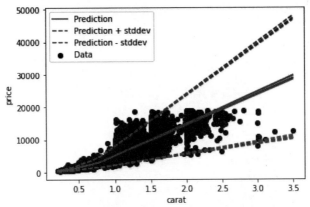

图 7.14　对钻石测试数据的随机不确定性和认知不确定性预测

不确定性的来源：图像分类案例研究

　　在上一个案例研究中，我们了解了如何在回归问题中建立随机不确定性和认知不确定性模型。在本节中，我们将再次研究 MNIST 数字数据集，以建立随机不确定性和认知不确定性模型。我们还将探讨随机不确定性为何难以减少，而认知不确定性却可通过使用更多的数据来减少。

　　那就从数据开始。为了使示例更加深刻，不仅要使用标准的 MNIST 数据集，还要使用 MNIST 的变体 AmbiguousMNIST。该数据集包含生成的图像，不出意外，这些图像本质上是模糊的。首先加载数据，然后探讨 AmbiguousMNIST 数据集。我们将从必要的导入开始：

```
1 import tensorflow as tf
2 import tensorflow_probability as tfp
3 import matplotlib.pyplot as plt
4 import numpy as np
5 from sklearn.utils import shuffle
6 from sklearn.metrics import roc_auc_score
7 import ddu_dirty_mnist
```

```
8 from scipy.stats import entropy
9 tfd = tfp.distributions
```

可以使用 ddu_dirty_mnist 库下载 AmbiguousMNIST 数据集：

```
1 dirty_mnist_train = ddu_dirty_mnist.DirtyMNIST(
2      ".",
3      train=True,
4      download=True,
5      normalize=False,
6      noise_stddev=0
7 )
8
9 # regular MNIST
10 train_imgs = dirty_mnist_train.datasets[0].data.numpy()
11 train_labels = dirty_mnist_train.datasets[0].targets.numpy()
12 # AmbiguousMNIST
13 train_imgs_amb = dirty_mnist_train.datasets[1].data.numpy()
14 train_labels_amb = dirty_mnist_train.datasets[1].targets.numpy()
```

然后，连接图像和标签，并打乱其次序，以便在训练过程中可以混用两个数据集。我们还修正了数据集的形状，使其拟合模型的设置：

```
1 train_imgs, train_labels = shuffle(
2      np.concatenate([train_imgs, train_imgs_amb]),
3      np.concatenate([train_labels, train_labels_amb])
4 )
5 train_imgs = np.expand_dims(train_imgs[:, 0, :, :], -1)
6 train_labels = tf.one_hot(train_labels, 10)
```

图 7.15 给出了 AmbiguousMNIST 图像的一个示例。可以看到，这些图像介于两个类别之间：4 也可以看作为 9，0 也可以看作为 6，反之亦然。这就意味着，模型很可能无法对其中的少部分图像进行正确分类，因为其本身存在噪声。

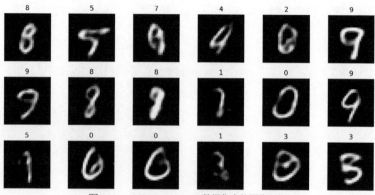

图 7.15 AmbiguousMNIST 数据集中的图像示例

有了训练数据集，便可加载测试数据集。我们将只使用标准的 MNIST 测试数据集：

```
1 (test_imgs, test_labels) = tf.keras.datasets.mnist.load_data()[1]
2 test_imgs = test_imgs / 255.
3 test_imgs = np.expand_dims(test_imgs, -1)
4 test_labels = tf.one_hot(test_labels, 10)
```

现在可以开始定义模型了。在本例中，使用一个带有 **Flipout** 层的小型贝叶斯神经网络。这些层在前向传递期间从核和偏置后验中采样，从而增加了模型的随机性。若是以后想要计算不确定性值，便可利用这一点：

```
1 kl_divergence_function = lambda q, p, _: tfd.kl_divergence(q, p) / tf.cast(
2     60000, dtype=tf.float32
3 )
4
5 model = tf.keras.models.Sequential(
6     [
7         *block(5),
8         *block(16),
9         *block(120, max_pool=False),
10        tf.keras.layers.Flatten(),
11        tfp.layers.DenseFlipout(
12            84,
13            kernel_divergence_fn=kl_divergence_function,
14            activation=tf.nn.relu,
15        ),
16        tfp.layers.DenseFlipout(
17            10,
18            kernel_divergence_fn=kl_divergence_function,
19            activation=tf.nn.softmax,
20        ),
21    ]
22 )
```

定义如下块：

```
1 def block(filters: int, max_pool: bool = True):
2     conv_layer = tfp.layers.Convolution2DFlipout(
3         filters,
4         kernel_size=5,
5         padding="same",
6         kernel_divergence_fn=kl_divergence_function,
7         activation=tf.nn.relu)
8     if not max_pool:
9         return (conv_layer,)
10    max_pool = tf.keras.layers.MaxPooling2D(
11        pool_size=[2, 2], strides=[2, 2], padding="same"
```

```
12      )
13      return conv_layer, max_pool
```

编译模型，然后开始训练：

```
1 model.compile(
2     tf.keras.optimizers.Adam(),
3     loss="categorical_crossentropy",
4     metrics=["accuracy"],
5     experimental_run_tf_function=False,
6 )
7 model.fit(
8     x=train_imgs,
9     y=train_labels,
10     validation_data=(test_imgs, test_labels),
11     epochs=50
12 )
```

我们现在感兴趣的是通过认知不确定性和随机不确定性来分离图像。认知不确定性应将分布内图像与分布外图像区分开来，因为这些图像是未知数，也就是模型以前从未见过这些图像，因此应赋予其较高的认知不确定性(或知识不确定性)。虽然模型是在 AmbiguousMNIST 数据集上训练出来的，但当其在测试时看到该数据集中的图像时，仍具有很高的认知不确定性。或者说使用这些图像进行训练并不能降低认知不确定性(或数据不确定性)，因为这些图像本身就很模糊。

使用 FashionMNIST 数据集作为分布外数据集；使用 AmbiguousMNIST 测试集作为测试的模糊数据集：

```
1 (_, _), (ood_imgs, _) = tf.keras.datasets.fashion_mnist.load_data()
2 ood_imgs = np.expand_dims(ood_imgs / 255., -1)
3
4 ambiguous_mnist_test = ddu_dirty_mnist.AmbiguousMNIST(
5     ".",
6     train=False,
7     download=True,
8     normalize=False,
9     noise_stddev=0
10 )
11 amb_imgs = ambiguous_mnist_test.data.numpy().reshape(60000, 28, 28, 1)[:10000]
12 amb_labels = tf.one_hot(ambiguous_mnist_test.targets.numpy(), 10).numpy()
```

接下来利用模型的随机性来创建各种模型预测。对测试图像迭代 50 次：

```
1 preds_id = []
2 preds_ood = []
3 preds_amb = []
4 for _ in range(50):
```

```
5        preds_id.append(model(test_imgs))
6        preds_ood.append(model(ood_imgs))
7        preds_amb.append(model(amb_imgs))
8  # format data such that we have it in shape n_images, n_predictions, n_classes
9  preds_id = np.moveaxis(np.stack(preds_id), 0, 1)
10 preds_ood = np.moveaxis(np.stack(preds_ood), 0, 1)
11 preds_amb = np.moveaxis(np.stack(preds_amb), 0, 1)
```

然后，可以定义一些函数来计算不同种类的不确定性：

```
1  def total_uncertainty(preds: np.ndarray) -> np.ndarray:
2      return entropy(np.mean(preds, axis=1), axis=-1)
3
4  def data_uncertainty(preds: np.ndarray) -> np.ndarray:
5      return np.mean(entropy(preds, axis=2), axis=-1)
6
7  def knowledge_uncertainty(preds: np.ndarray) -> np.ndarray:
8      return total_uncertainty(preds) - data_uncertainty(preds)
```

最后，可以看看模型在区分分布内图像、模糊图像和分布外图像方面的能力。首先根据不同的不确定性方法绘制不同分布的直方图：

```
1  labels = ["In-distribution", "Out-of-distribution", "Ambiguous"]
2  uncertainty_functions = [total_uncertainty, data_uncertainty, knowledge_uncertainty]
3  fig, axes = plt.subplots(1, 3, figsize=(20,5))
4  for ax, uncertainty in zip(axes, uncertainty_functions):
5      for scores, label in zip([preds_id, preds_ood, preds_amb], labels):
6          ax.hist(uncertainty(scores), bins=20, label=label, alpha=.8)
7      ax.title.set_text(uncertainty.__name__.replace("_", " ").capitalize())
8      ax.legend(loc="upper right")
9  plt.legend()
10 plt.savefig("uncertainty_types.png", dpi=300)
11 plt.show()
```

输出结果如图 7.6 所示。

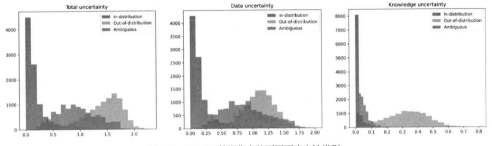

图 7.16　MNIST 数据集中的不同不确定性类型

我们可以观察到什么？

- 总不确定性和数据不确定性在区分分布内数据与分布外数据和模糊数据方面相对较好。
- 但是，数据不确定性和总不确定性无法将模糊数据与分布外数据区分开来。为此，我们需要使用知识不确定性。可以看到，知识不确定性明显地将模糊数据与分布外数据区分开来。
- 同时也对模糊样本进行了训练，但这并不能将模糊测试样本的不确定性降低到与原始分布内数据相似的不确定性水平。这说明数据的不确定性不容易降低。无论模型看到多少模糊数据，数据在本质上都是模糊的。

我们可以通过观察不同分布组合的 AUROC 来证实这些观察结果。

可以首先计算 AUROC 分数，以计算模型将分布内图像和模糊图像与分布外图像区分开来的能力：

```
1  def auc_id_and_amb_vs_ood(uncertainty):
2      scores_id = uncertainty(preds_id)
3      scores_ood = uncertainty(preds_ood)
4      scores_amb = uncertainty(preds_amb)
5      scores_id = np.concatenate([scores_id, scores_amb])
6      labels = np.concatenate([np.zeros_like(scores_id), np.ones_like(scores_ood)])
7      return roc_auc_score(labels, np.concatenate([scores_id, scores_ood]))
8
9
10 print(f"{auc_id_and_amb_vs_ood(total_uncertainty)=:.2%}")
11 print(f"{auc_id_and_amb_vs_ood(knowledge_uncertainty)=:.2%}")
12 print(f"{auc_id_and_amb_vs_ood(data_uncertainty)=:.2%}")
13 # output:
14 # auc_id_and_amb_vs_ood(total_uncertainty)=91.81%
15 # auc_id_and_amb_vs_ood(knowledge_uncertainty)=98.87%
16 # auc_id_and_amb_vs_ood(data_uncertainty)=84.29%
```

直方图中所呈现的情况得到了证实：知识不确定性在将分布内数据和模糊数据与分布外数据区分开来方面远胜于其他两类不确定性。

```
1  def auc_id_vs_amb(uncertainty):
2      scores_id, scores_amb = uncertainty(preds_id), uncertainty(preds_amb)
3      labels = np.concatenate([np.zeros_like(scores_id), np.ones_like(scores_amb)])
4      return roc_auc_score(labels, np.concatenate([scores_id, scores_amb]))
5
6
7  print(f"{auc_id_vs_amb(total_uncertainty)=:.2%}")
8  print(f"{auc_id_vs_amb(knowledge_uncertainty)=:.2%}")
9  print(f"{auc_id_vs_amb(data_uncertainty)=:.2%}")
10 # output:
11 # auc_id_vs_amb(total_uncertainty)=94.71%
```

```
12 # auc_id_vs_amb(knowledge_uncertainty)=87.06%
13 # auc_id_vs_amb(data_uncertainty)=95.21%
```

可以看到，总不确定性和数据不确定性都能够很好地将分布内数据与模糊数据区分开。与使用总不确定性相比，使用数据不确定性能带来些许改进。然而，知识不确定性无法区分分布内数据和模糊数据。

7.4　小结

在本章中，我们了解了使用贝叶斯深度学习的一些实际考虑因素：探讨模型性能的权衡，学习如何使用贝叶斯神经网络方法更好地理解不同不确定性来源对数据的影响。

在下一章中，我们将通过各种案例研究进一步挖掘贝叶斯深度学习的应用，展示这些方法在各种实际环境中具有的优势。

7.5　延伸阅读

- Matt Benatan 等人的 *Practical Considerations for Probabilistic Backpropagation*：在这篇论文中，作者探讨了充分利用概率反向传播的方法，展示了如何使用不同的早停方法来改进训练，探讨了与小批量处理相关的权衡，以及更多内容。
- Alexander Molak 的 *Modeling aleatoric and epistemic uncertainty using TensorFlow and TensorFlow Probability*：在 Jupyter notebook 中，作者展示了如何对回归简单数据的随机和认知不确定性进行建模。
- Charles Blundell 等人的 *Weight Uncertainty in Neural Networks*：在这篇论文中，作者介绍了贝叶斯反向传播，我们在回归案例研究中使用了贝叶斯反向传播，它是贝叶斯深度学习文献的关键部分。
- Jishnu Mukhoti 等人的 *Deep Deterministic Uncertainty: A Simple Baseline*：在这著作中，作者描述了与不同类型的不确定性相关的几个实验，并介绍了我们在上一个案例研究中使用的 AmbiguousMNIST 数据集。
- Andrey Malinin 的 *Uncertainty Estimation in Deep Learning with application to Spoken Language Assessment*：这篇论文通过直观的例子强调了不确定性的不同来源。

第 **8** 章

贝叶斯深度学习应用

本章将引导读者了解贝叶斯深度学习的各种应用。其中包括在标准分类任务中使用贝叶斯深度学习，并演示如何以更复杂的方式将其用于分布外检测、数据选择和强化学习。

本章主要内容：
- 检测分布外数据
- 对数据集漂移有鲁棒性
- 通过不确定性选择数据，保持模型新鲜度
- 利用不确定性估计进行更智能的强化学习
- 对抗性输入的敏感性

8.1　技术要求

所有代码都可以在本书的 GitHub 仓库中找到，网址为 https://github.com/PacktPublishing/ Enhancing-Deep-Learning-with-Bayesian-Inference；也可以通过扫描封底的二维码进行下载。

8.2　检测分布外数据

典型的神经网络不能很好地处理分布外数据。我们在第 3 章中看到，猫狗分类器能以 99% 以上的置信度将降落伞图像分类为狗。在本节中，我们将研究如何解决神经网络的这一弱点。我们将采取以下措施：
- 通过扰动 MNIST 数据集的一个数位来直观地探讨问题
- 解释文献中报告分布外检测性能的典型方式
- 回顾本章介绍的一些标准实用贝叶斯深度学习方法的分布外检测性能
- 探索更多专门用于检测分布外数据的实用方法

8.2.1 探讨分布外检测问题

为了使你更好地了解分布外性能，我们将从一个直观的例子开始。下面是主要步骤：

- 首先，在 MNIST 数字数据集上训练一个标准网络
- 其次，扰动一个数字，使其逐渐偏离分布状态
- 最后，报告标准模型和 MC 舍弃的置信度分数

通过这个直观的例子，你可以看到简单的贝叶斯方法如何提高标准深度学习模型的分布外检测性能。首先在 MNIST 数据集上训练一个简单模型，如图 8.1 所示。

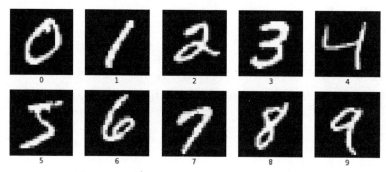

图 8.1　MNIST 数据集类：数字 0 到 9 的 28×28 像素图像

我们使用 TensorFlow 来训练模型，numpy 使图像更加不规则，并使用 Matplotlib 可视化数据。

```
1 import tensorflow as tf
2 from tensorflow.keras import datasets, layers, models
3 import numpy as np
4 import matplotlib.pyplot as plt
```

TensorFlow 中提供了 MNIST 数据集，因此可以直接加载：

```
1 (train_images, train_labels), (
2     test_images,
3     test_labels,
4 ) = datasets.mnist.load_data()
5 train_images, test_images = train_images / 255.0, test_images / 255.0
```

MNIST 是一个简单的数据集，因此，一个简单的模型就能达到 99%以上的测试准确率。我们使用带有三个卷积层的标准卷积神经网络：

```
1 def get_model():
2     model = models.Sequential()
3     model.add(
4         layers.Conv2D(32, (3, 3), activation="relu", input_shape=(28, 28, 1))
5     )
6     model.add(layers.MaxPooling2D((2, 2)))
7     model.add(layers.Conv2D(64, (3, 3), activation="relu"))
```

```
8    model.add(layers.MaxPooling2D((2, 2)))
9    model.add(layers.Conv2D(64, (3, 3), activation="relu"))
10   model.add(layers.Flatten())
11   model.add(layers.Dense(64, activation="relu"))
12   model.add(layers.Dense(10))
13   return model
14
15
16 model = get_model()
```

然后，编译并训练模型。只需五个迭代周期，就能获得超过 99% 的验证准确率。

```
1 def fit_model(model):
2    model.compile(
3        optimizer="adam",
4        loss=tf.keras.losses.SparseCategoricalCrossentropy(from_logits=True),
5        metrics=["accuracy"],
6    )
7
8    model.fit(
9        train_images,
10       train_labels,
11       epochs=5,
12       validation_data=(test_images, test_labels),
13   )
14   return model
15
16
17 model = fit_model(model)
```

现在，一起看看这个模型是如何处理分布外数据的。假设部署这一模型来识别数字，但用户有时无法写下整个数字。如果用户没有写下整个数字，会发生什么情况呢？我们可以通过逐渐从一个数字中移除越来越多的信息来得到这个问题的答案，并观察模型如何处理受干扰的输入。可以将用于移除的 signal 函数定义如下：

```
1 def remove_signal(img: np.ndarray, num_lines: int) -> np.ndarray:
2    img = img.copy()
3    img[:num_lines] = 0
4    return img
```

然后对图像进行扰动：

```
1 imgs = []
2    for i in range(28):
3    img_perturbed = remove_signal(img, i)
4    if np.array_equal(img, img_perturbed):
5        continue
```

```
6      imgs.append(img_perturbed)
7      if img_perturbed.sum() == 0:
8          break
```

只有在将某一行设置为 0 的做法实际上改变了原始图像时，我们才会将扰动图像添加到图像列表中(if np.array_equal(img,img_perturbed))，一旦图像完全变黑，即只包含值为 0 的像素，就停止添加扰动图像。然后对这些图像进行推理：

```
1 softmax_predictions = tf.nn.softmax(model(np.expand_dims(imgs, -1)), axis=1)
```

接下来，就可以利用预测标签和置信度分数绘制出所有图像：

```
1 plt.figure(figsize=(10, 10))
2 bbox_dict = dict(
3      fill=True, facecolor="white", alpha=0.5, edgecolor="white", linewidth=0
4 )
5 for i in range(len(imgs)):
6      plt.subplot(5, 5, i + 1)
7      plt.xticks([])
8      plt.yticks([])
9      plt.grid(False)
10     plt.imshow(imgs[i], cmap="gray")
11     prediction = softmax_predictions[i].numpy().max()
12     label = np.argmax(softmax_predictions[i])
13     plt.xlabel(f"{label} - {prediction:.2%}")
14     plt.text(0, 3, f" {i+1}", bbox=bbox_dict)
15 plt.show()
```

如图 8.2 所示。

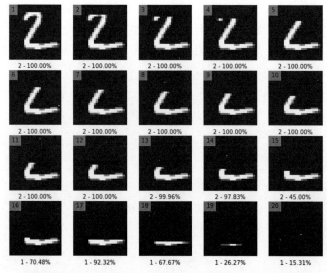

图8.2   对于越来越多的分布外的图像，标准神经网络的预测标签和相应的 softmax 分数

从图 8.2 中可以看到，一开始，模型很自信地将图像分类为 2。值得注意的是，即使这样做似乎不合理，高置信度现象仍然存在。例如，模型仍然以 97.83% 的置信度将图像 14 归类为图像 2。此外，模型以 92.32% 的置信度预测出一条完全水平线是 1，如图像 17 所示。看起来，模型对其预测过高置信了。

接下来看看稍有不同的模型会对这些图像做出怎样的预测。现在使用 MC 舍弃模型。与标准神经网络相比，该模型可通过采样增加其不确定性。首先定义模型：

```
 1 def get_dropout_model():
 2     model = models.Sequential()
 3     model.add(
 4         layers.Conv2D(32, (3, 3), activation="relu", input_shape=(28, 28, 1))
 5     )
 6     model.add(layers.Dropout(0.2))
 7     model.add(layers.MaxPooling2D((2, 2)))
 8     model.add(layers.Conv2D(64, (3, 3), activation="relu"))
 9     model.add(layers.MaxPooling2D((2, 2)))
10     model.add(layers.Dropout(0.5))
11     model.add(layers.Conv2D(64, (3, 3), activation="relu"))
12     model.add(layers.Dropout(0.5))
13     model.add(layers.Flatten())
14     model.add(layers.Dense(64, activation="relu"))
15     model.add(layers.Dropout(0.5))
16     model.add(layers.Dense(10))
17     return model
```

然后将其实例化：

```
1 dropout_model = get_dropout_model()
2 dropout_model = fit_model(dropout_model)
```

该模型将达到与原始模型相似的准确率。现在运行带有舍弃的推理，并绘制 MC 舍弃的平均置信度分数：

```
1 predictions = np.array(
2     [
3         tf.nn.softmax(dropout_model(imgs_np, training=True), axis=1)
4         for _ in range(100)
5     ]
6 )
7 predictions_mean = np.mean(predictions, axis=0)
8 plot_predictions(predictions_mean)
```

这将再次生成一张显示预测标签及其相关置信度分数的图，如图 8.3 所示。

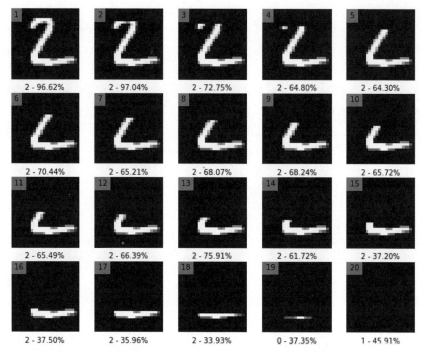

图 8.3　对于分布外的图像，MC 舍弃网络的预测标签和相应的 softmax 分数

从图 8.3 中可以看出，模型的平均置信度较低。当删除图像中的行时，模型的置信度会大大降低。这正是我们想要的结果：舍弃模型不知道输入内容，因此它是不确定的。不过，我们也可以看到模型并不完美：

- 对于看起来并不像 2 的图像，它能保持相当高的置信度。
- 当我们从图像中再删除一行时，模型的置信度会发生很大变化。例如，在图像 14 和 15 之间，模型的置信度从 61.72% 下降至 37.20%。
- 模型似乎更确信没有任何白色像素的图像 20 为数字 1。

在这种情况下，MC 舍弃朝着正确方向迈出了一步，但其并不能完美地处理分布外数据。

8.2.2　系统评估分布外检测性能

前面的例子表明，MC 舍弃为分布外图像提供的平均置信度分数较低。但我们只对 20 幅图像进行了有限的评估——只删除了一行。这一改变使图像位于分布外范围，但是如果将前一节中显示的所有图像与 MNIST 的训练分布进行比较，例如与目标的自然图像进行比较，则它们相对相似。飞机、汽车或鸟类的图像肯定会比只有几行黑线的 MNIST 图像更加不均匀。因此，如果要评估模型的分布外检测性能，还应该对更加偏离分布的图像进行测试，也就是在完全不同的数据集上进行测试，这似乎是合理的。这是文献中通常采用的评估分布外检测性能的方法。

具体过程如下：

(1) 在分布内(In-Distribution，ID)图像上训练一个模型。

(2) 使用一个或多个完全不同的分布外数据集，并将这些数据集输入到模型中。

(3) 将模型对分布内和分布外测试数据集的预测视为二元问题，并为每张图像计算一个分数。

- 评估 softmax 分数，这意味着对每个分布内和分布外图像都取模型的最大 softmax 分数。

(4) 利用这些分数，可以计算二元指标，如接收者操作特征曲线下面积(Area Under the Receiver Operating Characteristic，AUROC)。

模型在这些二元指标上的表现越好，模型的分布外检测性能就越好。

8.2.3　无需重新训练的简单分布外检测

虽然 MC 舍弃是检测分布外数据的有效方法，但它在推理时有一个致命缺点，即需要运行推理五次，甚至一百次，而不是一次。某些其他贝叶斯深度学习方法也有类似的问题：虽然它们是原则性的，但并不总是最实用的获得分布外检测性能的方法。其主要缺点是，它们通常需要对网络进行重新训练，如果数据量很大，重新训练的成本会很高。这就是为什么整个领域的分布外检测方法虽然没有明确基于贝叶斯理论，但却能提供良好、简单甚至精准的基线。这些方法通常不需要任何再训练，可以直接应用于标准神经网络。值得一提的是分布外检测文献中经常使用的两种方法：

- **ODIN**：通过预处理和缩放进行分布外检测。
- **Mahalanobis**：利用中间特征进行分布外检测。

ODIN：通过预处理和缩放进行分布外检测

神经网络分布外检测器(Out-of-Distribution Detector for Neural Networks，ODIN)因其简单有效而成为分布外检测的标准方法之一。虽然该方法于 2017 年才推出，但在提出分布外检测方法的论文中，仍经常被用作基准方法。

ODIN 包含两个关键思路：

- 在应用 softmax 操作之前对对数分数进行**温度缩放**，以提高 softmax 分数区分分布内和分布外图像的能力。
- **对输入进行预处理**，使非分布图像更具分布性。

接下来详细了解一下这两种思路。

温度缩放

ODIN 适用于分类模型。给定 softmax 分数，计算公式为

$$p_i(x) = \frac{\exp\left(f_i(x)\right)}{\sum_{j=1}^{N} \exp\left(f_j(x)\right)} \tag{8.1}$$

这里，$f_i(x)$ 是单个对数输出，$f_j(x)$ 是单个示例中所有类别的对数，温度缩放意味着将这些对数输出除以一个常数 T：

$$p_i(x;T) = \frac{\exp\left(f_i(x)/T\right)}{\sum_{j=1}^{N} \exp\left(f_j(x)/T\right)} \tag{8.2}$$

对于较大的 T 值，温度缩放会使 softmax 分数更接近均匀分布，从而有助于减少过高置信

的预测。

给定一个输出对数的简单模型，就可以在 Python 中应用温度缩放：

```
1 logits = model.predict(images)
2 logits_scaled = logits / temperature
3 softmax = tf.nn.softmax(logits, axis=1)
```

输入预处理

在第 3 章中可以看到，**快速梯度符号法(Fast-Gradient Sign Method, FGSM)**可以欺骗神经网络。只要稍微改变一下猫的图像，就能让模型以 99.41%的置信度预测出"狗"。这里的思路是，我们可以取损失相对于输入的梯度符号，将其乘以一个小的值，然后把噪声加到图像上，使图像远离分布内类。反之，即从图像中减去噪声，则会使图像更偏向于分布内类。ODIN 论文的作者指出，与分布外图像相比，分布内图像的 softmax 分数更高。这意味着加大分布外和分布内 softmax 分数之间的差异，可提高分布外检测性能。

$$\tilde{x} = x - \epsilon \operatorname{sign}\left(-\nabla_x \log S_{\hat{y}}(x; T)\right) \tag{8.3}$$

其中 x 是输入图像，我们将其减去扰动幅度ϵ乘以相对于输入图像的交叉熵损失梯度的符号。有关该技术的 TensorFlow 实现，请参见第 3 章。

虽然输入预处理和温度缩放都很容易实现，但 ODIN 现在还需要调整两个超参数：用于缩放对数的温度和快速梯度符号方法的逆ϵ。ODIN 使用单独的分布外数据集来调整这些超参数(iSUN 数据集的验证集：8925 幅图像)。

Mahalanobis 距离利用中间特征进行分布外检测

在 *A Simple Unified Framework for Detecting Out-of-Distribution Samples and Adversarial Attacks* 一书中，Kimin Lee 等人提出了一种不同的方法来检测分布外输入。该方法的核心思想是分类器的每个类在网络特征空间中都遵循多变量高斯分布。根据这一想法，我们可以定义 C 类条件高斯分布，其协方差为σ：

$$P(f(x) \mid y = c) = \mathcal{N}\left(f(x) \mid \mu_c, \sigma\right) \tag{8.4}$$

其中，μ_c是每个类别 c 的多元高斯分布的平均值。这样一来，就能计算出中间层给定输出的每个分布的经验平均值和协方差，每个中间层对应网络的每个类别。根据平均值和协方差，可以计算出单个测试图像与分布内数据的 Mahalanobis 距离。我们计算的是与输入图像最接近的类别：

$$M(x) = \max_c -\left(f(x) - \widehat{\mu}_c\right)^\top \widehat{\sigma}^{-1}\left(f(x) - \widehat{\mu}_c\right) \tag{8.5}$$

对于分布内图像，这个距离应该很小；而对于分布外图像，这个距离应该很大。

numpy 具有计算数组平均值和协方差的便捷函数：

```
1 mean = np.mean(features_of_class, axis=0)
2 covariance = np.cov(features_of_class.T)
```

根据这些函数，可以计算出 Mahalanobis 距离：

```
1 covariance_inverse = np.linalg.pinv(covariance)
2 x_minus_mu = features_of_class - mean
3 mahalanobis = np.dot(x_minus_mu, covariance_inverse).dot(x_minus_mu.T)
4 mahalanobis = np.sqrt(mahalanobis).diagonal()
```

Mahalanobis 距离计算不需要任何重新训练，而且一旦存储了网络某层特征的平均值和(逆)类协方差，就可以执行相对简便的操作。

许多 ODIN 论文的作者指出，为了提高该方法的性能，还可以应用其文中提到的输入预处理，或者计算并平均从多层网络中提取的 Mahalanobis 距离。

8.3　应对数据集漂移的鲁棒方法

我们在第 3 章中已经遇到了数据集漂移的问题。注意，数据集漂移是机器学习中的一个常见问题，当输入 X 和输出 Y 的联合分布 $P(X,Y)$ 在模型训练阶段和模型推理阶段(例如，测试模型或在生产环境中运行模型时)不同时，就会发生数据集漂移。变量漂移是数据集漂移的一种特殊情况，即只有输入分布发生变化，而条件分布 $P(Y|X)$ 保持不变。

数据集漂移存在于大多数生产环境中，因为在训练过程中很难包含所有可能的推理条件，而且大多数数据不是静态的，会随着时间变化。在生产环境中，输入数据可能会沿着许多不同的维度发生漂移。地理和时间数据集的漂移是两种常见的漂移形式。举例来说，设想你在一个地理区域(如欧洲)的数据上训练了模型，然后将该模型应用于另一个地理区域(如拉丁美洲)。同样，一个模型可以在 2010 年至 2020 年的数据上进行训练，然后应用于今天的生产数据。

可以看到，在发生这种数据集漂移的情况下，模型在新的漂移数据上的表现往往不如在其原始训练分布上的表现。此外，当输入数据偏离训练分布时，原始神经网络对此通常无法显示。最后，我们将探讨如何使用本书介绍的各种方法通过不确定性估计来表示数据集漂移，以及这些方法如何使模型更加鲁棒。下面的代码示例将侧重于图像分类问题。不过，值得注意的是，这些见解往往可以推广到其他领域(如自然语言处理)和任务(如回归)。

8.3.1　测量模型对数据集漂移的响应

假设有一个训练数据集和一个单独的测试集，那么如何衡量模型在数据发生漂移时向我们发出信号的能力呢？要做到这一点，就需要有一个额外的测试集，其数据已经发生了漂移，以检查模型对数据集漂移的响应。Dan Hendrycks 和 Thomas Dietterich 等人在 2019 年首次提出了一种为图像创建数据漂移测试集的常用方法。这个想法很简单：从初始测试集中提取图像，然后对图像质量进行不同严重程度且不同类型的损坏。Hendrycks 和 Dietterich 提出了一套 15 种不同类型的图像质量损坏方案，包括图像噪点、模糊、天气损坏(如雾和雪)以及数字损坏。每种损坏类型的严重程度分为五级，从 1 级(轻微损坏)到 5 级(严重损坏)不等。图 8.4 显示了小猫图像最初(左)和在图像上应用了严重程度为 1(中)或严重程度为 5(右)的散粒噪声损坏后的样子。

原始图像　　　　　　　散粒噪声(1 级)　　　　　　　散粒噪声(5 级)

图 8.4　通过应用不同严重程度的图像质量损坏生成人工数据集漂移

使用 imgaug Python 软件包可以很方便地生成所有这些图像质量损坏。下面的代码假设磁盘上有一张名为 "kitty.png" 的图像。我们使用 PIL 软件包加载图像。然后，通过损坏函数的名称指定损坏类型(例如 ShotNoise)，然后将损坏函数应用于图像，通过将相应的整数传递给关键字 severity 参数，使严重性级别为 1 或 5。

```
1 from PIL import Image
2 import numpy as np
3 import imgaug.augmenters.imgcorruptlike as icl
4
5 image = np.asarray(Image.open("./kitty.png").convert("RGB"))
6 corruption_function = icl.ShotNoise
7 image_noise_level_01 = corruption_function(severity=1, seed=0)(image=image)
8 image_noise_level_05 = corruption_function(severity=5, seed=0)(image=image)
```

以这种方式生成数据漂移的优势在于，它可以应用于各种计算机视觉问题和数据集。应用这种方法的一些前提条件是，数据由图像组成，并且在训练过程中没有使用过这些图像质量损坏的数据，例如用于数据增强的数据。此外，通过设置图像质量损坏的严重程度，可以控制数据集的漂移程度。这样一来便可测量模型对不同损坏程度的数据集漂移的响应。我们既可以测量数据集漂移时的性能变化，也可以测量校准(在第 2 章中介绍)的变化。我们推测，用贝叶斯方法或扩展方法训练的模型应该校准得更好，这意味着它们能够表明，与训练相比，数据已经发生了漂移，因此它们的输出不太确定。

8.3.2　用贝叶斯方法揭示数据集漂移

在下面的代码示例中，我们将研究到目前为止本书中介绍的两种贝叶斯深度学习方法(贝叶斯反向传播和深度集成学习)，看看它们在前面描述的人工数据集漂移过程中的表现如何。我们将把其性能与原始神经网络进行比较。

步骤 1：准备环境

首先导入一个软件包列表。其中包括用于构建和训练神经网络的 TensorFlow 和 TensorFlow Probability；用于操作数值数组(如计算平均值)的 numpy；用于绘图的 Seaborn、Matplotlib 和

pandas；用于加载和操作图像的 cv2 和 imgaug；以及用于计算模型准确率的 scikit-learn。

```
 1 import cv2
 2 import imgaug.augmenters as iaa
 3 import imgaug.augmenters.imgcorruptlike as icl
 4 import matplotlib.pyplot as plt
 5 import numpy as np
 6 import pandas as pd
 7 import seaborn as sns
 8 import tensorflow as tf
 9 import tensorflow_probability as tfp
10 from sklearn.metrics import accuracy_score
```

加载 CIFAR10 数据集用于准备训练，这是一个图像分类数据集，并指定不同类的名称。该数据集包含 10 个不同的类，我们将在下面的代码中指定其名称，并提供 50,000 张训练图像和 10,000 张测试图像。我们还将保存训练图像的数量，以便稍后使用重参数化技巧训练模型。

```
1 cifar = tf.keras.datasets.cifar10
2 (train_images, train_labels), (test_images, test_labels) = cifar.load_data()
3
4 CLASS_NAMES = [
5     "airplane","automobile", "bird", "cat", "deer",
6     "dog", "frog", "horse", "ship", "truck"
7 ]
8
9 NUM_TRAIN_EXAMPLES = train_images.shape[0]
```

步骤 2：定义和训练模型

完成这些准备工作后，就可以定义和训练模型了。首先创建两个函数来定义和构建卷积神经网络。我们将在原始神经网络和深度集成学习中使用这些函数。第一个函数简单地结合了卷积层与最大池化层，这是我们在第 3 章中介绍过的一种常用方法。

```
1 def cnn_building_block(num_filters):
2     return tf.keras.Sequential(
3         [
4             tf.keras.layers.Conv2D(
5                 filters=num_filters, kernel_size=(3, 3), activation="relu"
6             ),
7             tf.keras.layers.MaxPool2D(strides=2),
8         ]
9     )
```

第二个函数依次使用多个卷积/最大池化块，并在此基础上使用最后一个稠密层：

```
1 def build_and_compile_model():
2     model = tf.keras.Sequential(
```

```
3          [
4              tf.keras.layers.Rescaling(1.0 / 255, input_shape=(32, 32, 3)),
5              cnn_building_block(16),
6              cnn_building_block(32),
7              cnn_building_block(64),
8              tf.keras.layers.MaxPool2D(strides=2),
9              tf.keras.layers.Flatten(),
10             tf.keras.layers.Dense(64, activation="relu"),
11             tf.keras.layers.Dense(10, activation="softmax"),
12         ]
13     )
14     model.compile(
15         optimizer="adam",
16         loss="sparse_categorical_crossentropy",
17         metrics=["accuracy"],
18     )
19     return model
```

我们还将创建两个类似的函数，使用基于重参数化技巧的贝叶斯反向传播来定义和构建网络。该策略与原始神经网络相同，只是我们现在使用的是 TensorFlow Probability 软件包中的卷积层和稠密层，而不是 TensorFlow 软件包。卷积/最大池化块的定义如下：

```
1  def cnn_building_block_bbb(num_filters, kl_divergence_function):
2      return tf.keras.Sequential(
3          [
4              tfp.layers.Convolution2DReparameterization(
5                  num_filters,
6                  kernel_size=(3, 3),
7                  kernel_divergence_fn=kl_divergence_function,
8                  activation=tf.nn.relu,
9              ),
10             tf.keras.layers.MaxPool2D(strides=2),
11         ]
12     )
```

最终的网络定义如下：

```
1  def build_and_compile_model_bbb():
2
3      kl_divergence_function = lambda q, p, _: tfp.distributions.kl_divergence(
4          q, p
5      ) / tf.cast(NUM_TRAIN_EXAMPLES, dtype=tf.float32)
6
7      model = tf.keras.models.Sequential(
8          [
9              tf.keras.layers.Rescaling(1.0 / 255, input_shape=(32, 32, 3)),
10             cnn_building_block_bbb(16, kl_divergence_function),
```

```
11                    cnn_building_block_bbb(32, kl_divergence_function),
12                    cnn_building_block_bbb(64, kl_divergence_function),
13                    tf.keras.layers.Flatten(),
14                    tfp.layers.DenseReparameterization(
15                            64,
16                            kernel_divergence_fn=kl_divergence_function,
17                            activation=tf.nn.relu,
18                    ),
19                    tfp.layers.DenseReparameterization(
20                            10,
21                            kernel_divergence_fn=kl_divergence_function,
22                            activation=tf.nn.softmax,
23                    ),
24              ]
25      )
26
27      model.compile(
28              optimizer="adam",
29              loss="sparse_categorical_crossentropy",
30              metrics=["accuracy"],
31              experimental_run_tf_function=False,
32      )
33
34      model.build(input_shape=[None, 32, 32, 3])
35      return model
```

然后，就可以训练原始神经网络了：

```
1 vanilla_model = build_and_compile_model()
2 vanilla_model.fit(train_images, train_labels, epochs=10)
```

此外，还可以训练由五个成员组成的集成学习：

```
1 NUM_ENSEMBLE_MEMBERS = 5
2 ensemble_model = []
3 for ind in range(NUM_ENSEMBLE_MEMBERS):
4     member = build_and_compile_model()
5     print(f"Train model {ind:02}")
6     member.fit(train_images, train_labels, epochs=10)
7     ensemble_model.append(member)
```

最后，训练贝叶斯反向传播模型。注意，训练贝叶斯反向传播模型的时间是 15 个迭代周期，而不是 10 个迭代周期，因为它需要更长的时间进行收敛。

```
1 bbb_model = build_and_compile_model_bbb()
2 bbb_model.fit(train_images, train_labels, epochs=15)
```

步骤 3：获得预测结果

有了三个训练好的模型之后，便可用它们对保留测试集进行预测。为了将计算量控制在可控范围内，在本例中，我们将重点关注测试集中的前 1,000 张图像：

```
1 NUM_SUBSET = 1000
2 test_images_subset = test_images[:NUM_SUBSET]
3 test_labels_subset = test_labels[:NUM_SUBSET]
```

如果要测量对数据集漂移的响应，首先需要人工损坏数据集中的图像。为此，首先从 imgaug 软件包中指定一组函数。通过这些函数的名称，我们可以推理出它们各自实现了哪种类型的损坏。例如，函数 icl.GaussianNoise 通过对图像施加高斯噪声来破坏图像。还需从函数的数量中推理出破坏类型的数量，并将其保存在 NUM_TYPES 变量中。最后，将损坏程度级别数设为 5。

```
 1 corruption_functions = [
 2     icl.GaussianNoise,
 3     icl.ShotNoise,
 4     icl.ImpulseNoise,
 5     icl.DefocusBlur,
 6     icl.GlassBlur,
 7     icl.MotionBlur,
 8     icl.ZoomBlur,
 9     icl.Snow,
10     icl.Frost,
11     icl.Fog,
12     icl.Brightness,
13     icl.Contrast,
14     icl.ElasticTransform,
15     icl.Pixelate,
16     icl.JpegCompression,
17 ]
18 NUM_TYPES = len(corruption_functions)
19 NUM_LEVELS = 5
```

有了这些函数，便可损坏图像。下一个代码块将循环查看不同的损坏程度和类型。之后，将所有损坏的图像收集到名为 corrupted_images 的变量中。

```
 1 corrupted_images = []
 2 # loop over different corruption severities
 3 for corruption_severity in range(1, NUM_LEVELS+1):
 4     corruption_type_batch = []
 5     # loop over different corruption types
 6     for corruption_type in corruption_functions:
 7         corrupted_image_batch = corruption_type(
 8             severity=corruption_severity, seed=0
 9         )(images=test_images_subset)
10         corruption_type_batch.append(corrupted_image_batch)
```

```
11       corruption_type_batch = np.stack(corruption_type_batch, axis=0)
12       corrupted_images.append(corruption_type_batch)
13 corrupted_images = np.stack(corrupted_images, axis=0)
```

有了训练好的三个模型和手头的损坏图像之后,就可以看看模型如何应对不同程度的数据集漂移。首先,我们将从三个模型中获取对损坏图像的预测结果。要进行推理,需要将损坏的图像重塑为模型可接受的输入形状。目前,具有不同损坏类型和程度的图像仍存储在不同的轴上。我们可以通过重塑 corrupt_images 数组来改变这种情况:

```
1 corrupted_images = corrupted_images.reshape((-1, 32, 32, 3))
```

然后,便可使用原始卷积神经网络模型对原始图像和损坏图像进行推理。推理出模型预测结果后,接着对预测结果进行重塑,以便将损坏类型和程度对应的预测结果分开:

```
1 # Get predictions on original images
2 vanilla_predictions = vanilla_model.predict(test_images_subset)
3 # Get predictions on corrupted images
4 vanilla_predictions_on_corrupted = vanilla_model.predict(corrupted_images)
5 vanilla_predictions_on_corrupted = vanilla_predictions_on_corrupted.reshape(
6     (NUM_LEVELS, NUM_TYPES, NUM_SUBSET, -1)
7 )
```

为了使用集成学习进行推理,首先需定义一个预测函数,以避免代码重复。该函数处理集成学习中不同成员模型之间的循环,并在最后通过求平均值将不同的预测结果结合起来:

```
1 def get_ensemble_predictions(images, num_inferences):
2     ensemble_predictions = tf.stack(
3         [
4                 ensemble_model[ensemble_ind].predict(images)
5                 for ensemble_ind in range(num_inferences)
6         ],
7         axis=0,
8     )
9     return np.mean(ensemble_predictions, axis=0)
```

有了这个函数,就可以利用集成学习对原始图像和损坏图像进行推理:

```
1 # Get predictions on original images
2 ensemble_predictions = get_ensemble_predictions(
3     test_images_subset, NUM_ENSEMBLE_MEMBERS
4 )
5 # Get predictions on corrupted images
6 ensemble_predictions_on_corrupted = get_ensemble_predictions(
7     corrupted_images, NUM_ENSEMBLE_MEMBERS
8 )
9 ensemble_predictions_on_corrupted = ensemble_predictions_on_corrupted.reshape(
```

```
10    (NUM_LEVELS, NUM_TYPES, NUM_SUBSET, -1)
11 )
```

与集成学习一样，我们也为贝叶斯反向传播模型编写了一个推理函数，用于处理不同采样循环的迭代，并收集和组合结果：

```
1 def get_bbb_predictions(images, num_inferences):
2    bbb_predictions = tf.stack(
3      [bbb_model.predict(images) for _ in range(num_inferences)],
4      axis=0,
5    )
6    return np.mean(bbb_predictions, axis=0)
```

然后，利用这个函数来获得贝叶斯反向传播模型对原始图像和损坏图像的预测结果。从贝叶斯反向传播模型中采样 20 次：

```
 1 NUM_INFERENCES_BBB = 20
 2 # Get predictions on original images
 3 bbb_predictions = get_bbb_predictions(
 4     test_images_subset, NUM_INFERENCES_BBB
 5 )
 6 # Get predictions on corrupted images
 7 bbb_predictions_on_corrupted = get_bbb_predictions(
 8    corrupted_images, NUM_INFERENCES_BBB
 9 )
10    bbb_predictions_on_corrupted = bbb_predictions_on_corrupted.reshape(
11 (NUM_LEVELS, NUM_TYPES, NUM_SUBSET, -1)
12 )
```

可以通过分别返回 softmax 最大分数和 softmax 最大分数的类索引，将三个模型的预测转换为预测类别和相关的置信度分数：

```
1 def get_classes_and_scores(model_predictions):
2    model_predicted_classes = np.argmax(model_predictions, axis=-1)
3    model_scores = np.max(model_predictions, axis=-1)
4    return model_predicted_classes, model_scores
```

然后，就可以应用这个函数来获得三个模型的预测类别和置信度分数：

```
 1 # Vanilla model
 2 vanilla_predicted_classes, vanilla_scores = get_classes_and_scores(
 3     vanilla_predictions
 4 )
 5 (
 6    vanilla_predicted_classes_on_corrupted,
 7    vanilla_scores_on_corrupted,
 8 ) = get_classes_and_scores(vanilla_predictions_on_corrupted)
```

```
 9
10 # Ensemble model
11 (
12    ensemble_predicted_classes,
13    ensemble_scores,
14 ) = get_classes_and_scores(ensemble_predictions)
15 (
16    ensemble_predicted_classes_on_corrupted,
17    ensemble_scores_on_corrupted,
18 ) = get_classes_and_scores(ensemble_predictions_on_corrupted)
19
20 # BBB model
21 (
22    bbb_predicted_classes,
23    bbb_scores,
24 ) = get_classes_and_scores(bbb_predictions)
25 (
26    bbb_predicted_classes_on_corrupted,
27    bbb_scores_on_corrupted,
28 ) = get_classes_and_scores(bbb_predictions_on_corrupted)
```

可在一幅选定的汽车图像上直观地展示一下这三种模型的预测类别和置信度分数。为了绘图，首先将包含损坏图像的数组重塑为更简便的格式：

```
1 plot_images = corrupted_images.reshape(
2    (NUM_LEVELS, NUM_TYPES, NUM_SUBSET, 32, 32, 3)
3 )
```

然后，用列表中所有五个损坏程度对应的前三种损坏类型绘制选定的汽车图像。对于每个组合，在图像标题中显示每个模型的预测分数，并在方括号中显示预测的类别。如图 8.5 所示：

图 8.5　一张被损坏的汽车图像的不同损坏类型(行)和损坏程度(列，严重程度从左到右递增)

继续编写代码：

```
1  # Index of the selected images
2  ind_image = 9
3  # Define figure
4  fig, axes = plt.subplots(nrows=3, ncols=5, figsize=(16, 10))
5  # Loop over corruption levels
6  for ind_level in range(NUM_LEVELS):
7      # Loop over corruption types
8      for ind_type in range(3):
9          # Plot slightly upscaled image for easier inspection
10         image = plot_images[ind_level, ind_type, ind_image, ...]
11         image_upscaled = cv2.resize(
12             image, dsize=(150, 150), interpolation=cv2.INTER_CUBIC
13         )
14         axes[ind_type, ind_level].imshow(image_upscaled)
15         # Get score and class predicted by vanilla model
16         vanilla_score = vanilla_scores_on_corrupted[
17             ind_level, ind_type, ind_image, ...
18         ]
19         vanilla_prediction = vanilla_predicted_classes_on_corrupted[
20             ind_level, ind_type, ind_image, ...
21         ]
22         # Get score and class predicted by ensemble model
23         ensemble_score = ensemble_scores_on_corrupted[
24             ind_level, ind_type, ind_image, ...
25         ]
26         ensemble_prediction = ensemble_predicted_classes_on_corrupted[
27             ind_level, ind_type, ind_image, ...
28         ]
29         # Get score and class predicted by BBB model
30         bbb_score = bbb_scores_on_corrupted[ind_level, ind_type, ind_image, ...]
31         bbb_prediction = bbb_predicted_classes_on_corrupted[
32             ind_level, ind_type, ind_image, ...
33         ]
34         # Plot prediction info in title
35         title_text = (
36             f"Vanilla: {vanilla_score:.3f} "
37             + f"[{CLASS_NAMES[vanilla_prediction]}] \n"
38             + f"Ensemble: {ensemble_score:.3f} "
39             + f"[{CLASS_NAMES[ensemble_prediction]}] \n"
40             + f"BBB: {bbb_score:.3f} "
41             + f"[{CLASS_NAMES[bbb_prediction]}]"
42         )
43         axes[ind_type, ind_level].set_title(title_text, fontsize=14)
44         # Remove axes ticks and labels
45         axes[ind_type, ind_level].axis("off")
```

```
46 fig.tight_layout()
47 plt.show()
```

图 8.5 只显示了单张图像的结果，因此不应对这些结果作过多解读。不过，我们已经可以观察到，两种贝叶斯方法(尤其是集成学习)的预测分数往往没有原始神经网络那么高，后者的预测分数高达 0.95。此外，我们还发现，对于所有三种模型而言，预测分数通常会随着损坏程度的增加而降低。这是意料之中的：鉴于图像中的汽车随着损坏程度的增大而变得越来越难以辨认，模型的置信度也相应降低。尤其是，随着损坏程度的增大，集成学习的预测分数会出现明显而一致的下降。

步骤 4：测量准确率

是否有一些模型比其他模型更能适应数据集漂移？我们可以通过观察三种模型在不同损坏程度下的准确率来回答这个问题。随着输入图像的损坏程度越来越高，预计所有模型的准确率都会降低。不过，随着损坏程度越来越严重，鲁棒性更强的模型在准确率上的损失应该会更小。

首先，可以计算三种模型在原始测试图像上预测的准确率：

```
1 vanilla_acc = accuracy_score(
2     test_labels_subset.flatten(), vanilla_predicted_classes
3 )
4 ensemble_acc = accuracy_score(
5     test_labels_subset.flatten(), ensemble_predicted_classes
6 )
7 bbb_acc = accuracy_score(
8     test_labels_subset.flatten(), bbb_predicted_classes
9 )
```

可以将这些准确率存储在一个字典列表中，这样就可以更容易地对它们进行系统绘制。接着，传递模型各自的名称。而对于损坏类型 type 和损坏程度 level，传入 0 值，因为这是原始图像上的准确率。

```
1 accuracies = [
2     {"model_name": "vanilla", "type": 0, "level": 0, "accuracy": vanilla_acc},
3     {"model_name": "ensemble", "type": 0, "level": 0, "accuracy": ensemble_acc},
4     {"model_name": "bbb", "type": 0, "level": 0, "accuracy": bbb_acc},
5 ]
```

接下来，计算三种模型在不同损坏程度组合下对各种损坏类型预测的准确率。之后还需将结果附加到之前构建的准确率列表中：

```
1 for ind_type in range(NUM_TYPES):
2     for ind_level in range(NUM_LEVELS):
3         # Calculate accuracy for vanilla model
4         vanilla_acc_on_corrupted = accuracy_score(
```

```
5               test_labels_subset.flatten(),
6               vanilla_predicted_classes_on_corrupted[ind_level, ind_type, :],
7           )
8           accuracies.append(
9               {
10                  "model_name": "vanilla",
11                  "type": ind_type + 1,
12                  "level": ind_level + 1,
13                  "accuracy": vanilla_acc_on_corrupted,
14              }
15          )
16
17          # Calculate accuracy for ensemble model
18          ensemble_acc_on_corrupted = accuracy_score(
19              test_labels_subset.flatten(),
20              ensemble_predicted_classes_on_corrupted[ind_level, ind_type, :],
21          )
22          accuracies.append(
23              {
24                  "model_name": "ensemble",
25                  "type": ind_type + 1,
26                  "level": ind_level + 1,
27                  "accuracy": ensemble_acc_on_corrupted,
28              }
29          )
30
31          # Calculate accuracy for BBB model
32          bbb_acc_on_corrupted = accuracy_score(
33              test_labels_subset.flatten(),
34              bbb_predicted_classes_on_corrupted[ind_level, ind_type, :],
35          )
36          accuracies.append(
37              {
38                  "model_name": "bbb",
39                  "type": ind_type + 1,
40                  "level": ind_level + 1,
41                  "accuracy": bbb_acc_on_corrupted,
42              }
43          )
```

然后，就可以绘制原始图像和损坏程度越来越高的图像的预测准确率分布图。首先将字典列表转换为 pandas 数据帧。这样做的好处是，数据帧可以直接传递给绘图软件包 seaborn。这样，就可以指定用不同的色调绘制不同模型的结果。

```
1 df = pd.DataFrame(accuracies)
2 plt.figure(dpi=100)
3 sns.boxplot(data=df, x="level", y="accuracy", hue="model_name")
```

```
4 plt.legend(loc="center left", bbox_to_anchor=(1, 0.5))
5 plt.tight_layout
6 plt.show()
```

结果如图 8.6 所示。

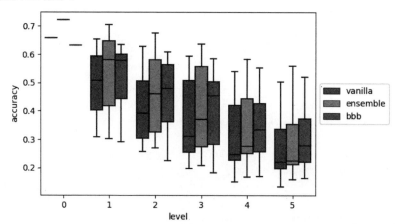

图 8.6　三种不同模型(不同色调)对原始测试图像(0 级)和损坏程度增加的图像(1-5 级)预测的准确率

结果如图 8.6 所示。可以看到，在原始测试图像上，原始模型和贝叶斯反向传播模型的预测准确率相当，而集成学习的预测准确率略高。随着损坏的引入，原始神经网络的性能比集成学习或贝叶斯反向传播模型的性能要差(通常差很多)。贝叶斯深度学习模型性能的相对提高表明了贝叶斯方法具有正则化效应：这些方法能够更有效地获取数据的分布，从而使其对扰动具有更强的鲁棒性。贝叶斯反向传播对不断增加的数据损坏表现出极强的适应力，这证明了变分学习具有关键优势。

步骤 5：测量校准

关注准确率是确定模型对数据集漂移具有鲁棒性的好方法。但它并不能真正告诉我们，当数据集发生漂移，并且模型对其输出的置信度降低时，它是否能够向我们发出信号(通过较低的置信度分数体现)。这个问题可以通过研究模型在数据集漂移时的校准情况来回答。我们在第 3 章从概念层面介绍了校准和预期校准误差。现在将把这些概念付诸实践，以了解当图像损坏加剧且难以预测时，模型是否会适当调整其置信度。

首先，我们将采用第 3 章中介绍的预期校准误差(Expected Calibration Error，ECE)作为校准的标量：

```
1 def expected_calibration_error(
2     pred_correct,
3     pred_score,
4     n_bins=5,
5 ):
6     """Compute expected calibration error.
7     ----------
```

```
 8    pred_correct : np.ndarray (n_samples,)
 9        Whether the prediction is correct or not
10    pred_score : np.ndarray (n_samples,)
11        Confidence in the prediction
12    n_bins : int, default=5
13        Number of bins to discretize the [0, 1] interval.
14    """
15    # Convert from bool to integer (makes counting easier)
16    pred_correct = pred_correct.astype(np.int32)
17
18    # Create bins and assign prediction scores to bins
19    bins = np.linspace(0.0, 1.0, n_bins + 1)
20    binids = np.searchsorted(bins[1:-1], pred_score)
21
22    # Count number of samples and correct predictions per bin
23    bin_true_counts = np.bincount(
24        binids, weights=pred_correct, minlength=len(bins)
25    )
26    bin_counts = np.bincount(binids, minlength=len(bins))
27
28    # Calculate sum of confidence scores per bin
29    bin_probs = np.bincount(binids, weights=pred_score, minlength=len(bins))
30
31    # Identify bins that contain samples
32    nonzero = bin_counts != 0
33    # Calculate accuracy for every bin
34    bin_acc = bin_true_counts[nonzero] / bin_counts[nonzero]
35    # Calculate average confidence scores per bin
36    bin_conf = bin_probs[nonzero] / bin_counts[nonzero]
37
38    return np.average(np.abs(bin_acc - bin_conf), weights=bin_counts[nonzero])
```

然后，便可以在原始测试图像上计算三种模型的 ECE。将分区数设为 10，这是计算 ECE 的常用方法：

```
 1 NUM_BINS = 10
 2
 3 vanilla_cal = expected_calibration_error(
 4     test_labels_subset.flatten() == vanilla_predicted_classes,
 5     vanilla_scores,
 6     n_bins=NUM_BINS,
 7 )
 8
 9 ensemble_cal = expected_calibration_error(
10     test_labels_subset.flatten() == ensemble_predicted_classes,
11     ensemble_scores,
12     n_bins=NUM_BINS,
```

```
13 )
14
15 bbb_cal = expected_calibration_error(
16     test_labels_subset.flatten() == bbb_predicted_classes,
17     bbb_scores,
18     n_bins=NUM_BINS,
19 )
```

就像之前计算准确率一样，将校准结果存储在一个字典列表中，这样可以更方便地绘制它们：

```
1 calibration = [
2     {
3         "model_name": "vanilla",
4         "type": 0,
5         "level": 0,
6         "calibration_error": vanilla_cal,
7     },
8     {
9         "model_name": "ensemble",
10        "type": 0,
11        "level": 0,
12        "calibration_error": ensemble_cal,
13    },
14    {
15        "model_name": "bbb",
16        "type": 0,
17        "level": 0,
18        "calibration_error": bbb_cal,
19    },
20 ]
```

接下来，计算三种模型在不同损坏程度组合下，各种损坏类型对应的预期校准误差。同时还需将结果附加到之前构建的校准结果列表中：

```
1 for ind_type in range(NUM_TYPES):
2     for ind_level in range(NUM_LEVELS):
3         # Calculate calibration error for vanilla model
4         vanilla_cal_on_corrupted = expected_calibration_error(
5             test_labels_subset.flatten()
6             == vanilla_predicted_classes_on_corrupted[ind_level, ind_type, :],
7             vanilla_scores_on_corrupted[ind_level, ind_type, :],
8         )
9         calibration.append(
10            {
11                "model_name": "vanilla",
12                "type": ind_type + 1,
```

```
13                  "level": ind_level + 1,
14                  "calibration_error": vanilla_cal_on_corrupted,
15              }
16          )
17
18      # Calculate calibration error for ensemble model
19      ensemble_cal_on_corrupted = expected_calibration_error(
20          test_labels_subset.flatten()
21          == ensemble_predicted_classes_on_corrupted[ind_level, ind_type, :],
22          ensemble_scores_on_corrupted[ind_level, ind_type, :],
23      )
24      calibration.append(
25          {
26              "model_name": "ensemble",
27              "type": ind_type + 1,
28              "level": ind_level + 1,
29              "calibration_error": ensemble_cal_on_corrupted,
30          }
31      )
32
33      # Calculate calibration error for BBB model
34      bbb_cal_on_corrupted = expected_calibration_error(
35          test_labels_subset.flatten()
36          == bbb_predicted_classes_on_corrupted[ind_level, ind_type, :],
37          bbb_scores_on_corrupted[ind_level, ind_type, :],
38      )
39      calibration.append(
40          {
41              "model_name": "bbb",
42              "type": ind_type + 1,
43              "level": ind_level + 1,
44              "calibration_error": bbb_cal_on_corrupted,
45          }
46      )
```

最后，再次使用 pandas 和 seaborn 将校准结果绘制成方框图：

```
1 df = pd.DataFrame(calibration)
2 plt.figure(dpi=100)
3 sns.boxplot(data=df, x="level", y="calibration_error", hue="model_name")
4 plt.legend(loc="center left", bbox_to_anchor=(1, 0.5))
5 plt.tight_layout()
6 plt.show()
```

校准结果如图 8.7 所示。可以看到，在原始测试图像上，所有三个模型的校准误差都相对较小，其中集成学习的表现略逊于其他两个模型。随着数据集漂移程度的增加，原始模型的校准误差增加了许多。对于两种贝叶斯方法，校准误差也会增加，但增幅远小于原始模型。这说明贝叶斯方法更善于指示数据集何时发生漂移(通过较低的置信度分数体现)，且随着损坏程度的增加，贝叶斯模型输出结果的置信度也会相对降低(本也该如此)。

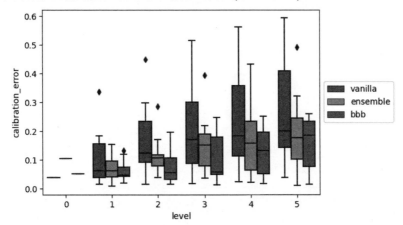

图 8.7　三种不同模型对原始测试图像(0 级)和损坏程度增加(1-5 级)的图像的预期校准误差

下一节，我们将探讨数据选择。

8.4　通过不确定性选择数据来保持模型的新鲜度

在本章开头看到，可以利用不确定性来确定数据是否属于训练数据的一部分。我们可以将这一想法扩展至被称为**主动学习(active learning)**的机器学习领域中。主动学习的前景在于，如果有办法控制训练数据的类型，那么模型就能在更少的数据上更有效地学习。从概念上讲，这是有道理的：如果在质量不够高的数据上训练模型，那么它也不会有好的表现。主动学习是一种指导学习过程和训练模型数据的方法，通过提供从不属于训练数据的数据池中获取数据这一功能来实现。通过从数据池中反复选择正确的数据，可以训练出比随机选择数据池中的数据表现更好的模型。

主动学习可用于许多现代系统，这些系统中存在大量未标注的数据，因此需要仔细选择要标注的数据量。自动驾驶系统就是一个例子：汽车上的摄像头记录了大量数据，但通常没有预算为所有数据贴标签。通过仔细选择信息量最大的数据点，我们能够以比随机选择要标记的数据较低的成本来提高模型的性能。在主动学习中，估计不确定性起着重要作用。通常情况下，模型会从低置信度预测的数据分布区域学到更多信息。一起来看一个案例研究，看看如何在主动学习中使用不确定性。

在本案例研究中，我们将重现一篇有关主动学习基础的论文中的结果，这篇文章叫作 *Deep Bayesian Active Learning with Image Data*(2017)。我们将使用 MNIST 数据集，在越来越多的数据上训练模型，并通过使用不确定性方法选择要添加到训练集的数据点。在这种情况下，我们将使用认知不确定性来选择信息量最大的数据点。具有高认知不确定性的图像应该是模型之前未见过的图像；通过添加更多这样的图像可以降低不确定性。作为对比，还将随机选择数据点。

步骤 1：准备数据集
将首先创建加载数据集的函数。数据集函数需要以下导入库：

```
1 import dataclasses
2 from pathlib import Path
3 import uuid
4 from typing import Optional, Tuple
5
6 import numpy as np
7 import tensorflow as tf
8 from sklearn.utils import shuffle
```

由于整个数据集将包含许多组件，我们将创建一个小的数据类，以便轻松访问数据集的所有不同部分。我们还将修改数据类的 __repr__ 函数。这样就能以更易读的格式打印数据集的内容。

```
 1 @dataclasses.dataclass
 2 class Data:
 3     x_train: np.ndarray
 4     y_train: np.ndarray
 5     x_test: np.ndarray
 6     y_test: np.ndarray
 7     x_train_al: Optional[np.ndarray] = None
 8     y_train_al: Optional[np.ndarray] = None
 9
10     def __repr__(self) -> str:
11         repr_str = ""
12             for field in dataclasses.fields(self):
13         repr_str += f"{field.name}: {getattr(self, field.name).shape} \n"
14             return repr_str
```

然后，便可定义加载标准数据集的函数。

```
 1 def get_data() -> Data:
 2     num_classes = 10
 3     (x_train, y_train), (x_test, y_test) = tf.keras.datasets.mnist.load_data()
 4     # Scale images to the [0, 1] range
 5     x_train = x_train.astype("float32") / 255
 6     x_test = x_test.astype("float32") / 255
 7     # Make sure images have shape (28, 28, 1)
 8     x_train = np.expand_dims(x_train, -1)
 9     x_test = np.expand_dims(x_test, -1)
10     y_train = tf.keras.utils.to_categorical(y_train, num_classes)
11     y_test = tf.keras.utils.to_categorical(y_test, num_classes)
12     return Data(x_train, y_train, x_test, y_test)
```

一开始，只使用 MNIST 数据集中的 20 个样本进行训练。接着，每次获取 10 个数据点，并重新训练模型。为了在训练开始时对模型有所帮助，需确保这 20 个数据点在数据集的不同类别中保持平衡。下面的函数给出了可以用来创建初始 20 个样本的指标，每个类别 2 个样本：

```
1  def get_random_balanced_indices(
2      data: Data, initial_n_samples: int
3  ) -> np.ndarray:
4      labels = np.argmax(data.y_train, axis=1)
5      indices = []
6      label_list = np.unique(labels)
7      for label in label_list:
8          indices_label = np.random.choice(
9              np.argwhere(labels == label).flatten(),
10             size=initial_n_samples // len(label_list),
11             replace=False
12         )
13         indices.extend(indices_label)
14     indices = np.array(indices)
15     np.random.shuffle(indices)
16     return indices
```

然后，可以定义一个小函数来实际获取初始数据集：

```
1  def get_initial_ds(data: Data, initial_n_samples: int) -> Data:
2      indices = get_random_balanced_indices(data, initial_n_samples)
3      x_train_al, y_train_al = data.x_train[indices], data.y_train[indices]
4      x_train = np.delete(data.x_train, indices, axis=0)
5      y_train = np.delete(data.y_train, indices, axis=0)
6      return Data(
7          x_train, y_train, data.x_test, data.y_test, x_train_al, y_train_al
8      )
```

步骤 2：设置配置

在开始构建模型和创建主动学习循环之前，先定义一个小的配置数据类，用于存储我们在运行主动学习脚本时可能要使用的一些主要变量。创建这样的配置类之后，便可随意使用不同的参数。

```
1  @dataclasses.dataclass
2  class Config:
3      initial_n_samples: int
4      n_total_samples: int
5      n_epochs: int
6      n_samples_per_iter: int
7      # string representation of the acquisition function
8      acquisition_type: str
9      # number of mc_dropout iterations
10     n_iter: int
```

步骤3：定义模型

现在可以定义模型。我们将使用一个带有舍弃的小而简单的卷积神经网络。

```python
1  def build_model():
2      model = tf.keras.models.Sequential([
3          Input(shape=(28, 28, 1)),
4          layers.Conv2D(32, kernel_size=(4, 4), activation="relu"),
5          layers.Conv2D(32, kernel_size=(4, 4), activation="relu"),
6          layers.MaxPooling2D(pool_size=(2, 2)),
7          layers.Dropout(0.25),
8          layers.Flatten(),
9          layers.Dense(128, activation="relu"),
10         layers.Dropout(0.5),
11         layers.Dense(10, activation="softmax"),
12     ])
13     model.compile(
14         tf.keras.optimizers.Adam(),
15         loss="categorical_crossentropy",
16         metrics=["accuracy"],
17         experimental_run_tf_function=False,
18     )
19     return model
```

步骤4：定义不确定性函数

如前所述，我们将使用认知不确定性(也称知识不确定性)作为获取新样本的主要不确定性函数。先定义一个函数来计算预测的认知不确定性。假设输入预测(preds)的形状为 n_images、n_predictions、n_classes。首先定义一个函数来计算总不确定性。给定一个模型预测集成学习，它可以定义为集成学习成员平均预测的熵。

```python
1  def total_uncertainty(
2      preds: np.ndarray, epsilon: float = 1e-10
3  ) -> np.ndarray:
4      mean_preds = np.mean(preds, axis=1)
5      log_preds = -np.log(mean_preds + epsilon)
6      return np.sum(mean_preds * log_preds, axis=1)
```

然后，定义数据不确定性(或"随机不确定性")，对于一个集成学习来说，它是每个集成成员的熵的平均值。

```python
1  def data_uncertainty(preds: np.ndarray, epsilon: float = 1e-10) -> np.ndarray:
2      log_preds = -np.log(preds + epsilon)
3      return np.mean(np.sum(preds * log_preds, axis=2), axis=1)
```

最后，还需要定义知识(或认知)不确定性，即从预测的总不确定性中减去数据不确定性。

```
1 def knowledge_uncertainty(
2     preds: np.ndarray, epsilon: float = 1e-10
3 ) -> np.ndarray:
4     return total_uncertainty(preds, epsilon) - data_uncertainty(preds, epsilon)
```

定义了这些不确定性函数后，就可以定义实际的采集函数，将训练数据和模型作为主要输入。若要通过认知不确定性获取样本，还需要做以下工作：

(1) 通过 MC 舍弃获取预测集成学习。

(2) 计算该集成学习的认知不确定性值。

(3) 对不确定性值进行排序，得到不确定性值的索引，并返回认知不确定性最高的训练数据的指数。

之后，便可重复使用这些指数，对训练数据进行索引，并实际获取我们想要添加的训练样本。

```
1 from typing import Callable
2 from keras import Model
3 from tqdm import tqdm
4
5 import numpy as np
6
7 def acquire_knowledge_uncertainty(
8     x_train: np.ndarray,
9     n_samples: int,
10    model: Model,
11    n_iter: int,
12    *args,
13    **kwargs
14 ):
15    preds = get_mc_predictions(model, n_iter, x_train)
16    ku = knowledge_uncertainty(preds)
17    return np.argsort(ku, axis=-1)[-n_samples:]
```

通过以下方法获得 MC 舍弃预测值：

```
1 def get_mc_predictions(
2     model: Model, n_iter: int, x_train: np.ndarray
3 ) -> np.ndarray:
4     preds = []
5     for _ in tqdm(range(n_iter)):
6         preds_iter = [
7             model(batch, training=True)
8             for batch in np.array_split(x_train, 6)
9         ]
10        preds.append(np.concatenate(preds_iter))
```

```
11      # format data such that we have n_images, n_predictions, n_classes
12      preds = np.moveaxis(np.stack(preds), 0, 1)
13      return preds
```

为了避免出现内存不足，需对训练数据进行迭代，每六次迭代为一批，每批计算预测 n_iter 次。为确保预测结果具有多样性，将模型的 training 参数设置为 True。

为了进行比较，定义了一个采集函数，该函数也会随机返回一些指数：

```
1 def acquire_random(x_train: np.ndarray, n_samples: int, *args, **kwargs):
2     return np.random.randint(low=0, high=len(x_train), size=n_samples)
```

最后，根据工厂方法模式定义一个小函数，以确保我们可以在循环中通过相同的函数来使用随机采集函数或认知不确定性。当想要以不同的配置运行相同的代码时，诸如此类的小型工厂函数有助于保持代码的模块化。

```
1 def acquisition_factory(acquisition_type: str) -> Callable:
2     if acquisition_type == "knowledge_uncertainty":
3         return acquire_knowledge_uncertainty
4     if acquisition_type == "random":
5         return acquire_random
```

定义了采集函数后，就可以定义运行主动学习迭代的循环了。

步骤5：定义循环

先从定义配置开始。在本例中，我们使用认知不确定性作为不确定性函数。在另一个循环中，我们将使用随机采集函数来比较即将定义的循环结果。我们将从 20 个样本开始建立数据集，直到样本总数达到 1,000 个。每个模型将进行 50 次迭代训练，每次迭代采集 10 个样本。为了获得 MC 舍弃预测结果，我们将运行整个训练集(减去已采集的样本)100 次。

```
1 cfg = Config(
2     initial_n_samples=20,
3     n_total_samples=1000,
4     n_epochs=50,
5     n_samples_per_iteration=10,
6     acquisition_type="knowledge_uncertainty",
7     n_iter=100,
8 )
```

然后，便可获取数据，并定义一个空字典来跟踪每次迭代的测试准确率。此外，还将创建一个空列表，以跟踪添加到训练数据中的全部指数列表。

```
1 data: Data = get_initial_ds(get_data(), cfg.initial_n_samples)
2 accuracies = {}
3 added_indices = []
```

接着，还需为运行分配一个通用唯一标识符(Universally Unique Ldentifier, UUID)，以确保我们可以轻松发现它，并且不会重写在循环中保存的结果。我们创建了保存数据的目录，并将配置保存在该目录中，以确保始终知道 model_dir 中的数据是以何种配置创建的。

```
1 run_uuid = str(uuid.uuid4())
2 model_dir = Path("./models") / cfg.acquisition_type / run_uuid
3 model_dir.mkdir(parents=True, exist_ok=True)
```

现在可以实际运行主动学习循环了。将把这个循环分成三个部分：

(1) 首先，定义循环，并在采集的样本上拟合一个模型：

```
 1 for i in range(cfg.n_total_samples // cfg.n_samples_per_iter):
 2     iter_dir = model_dir / str(i)
 3     model = build_model()
 4     model.fit(
 5         x=data.x_train_al,
 6         y=data.y_train_al,
 7         validation_data=(data.x_test, data.y_test),
 8         epochs=cfg.n_epochs,
 9         callbacks=[get_callback(iter_dir)],
10         verbose=2,
11     )
```

(2) 然后，加载具有最佳验证准确率的模型，并根据采集函数来更新数据集：

```
1     model = tf.keras.models.load_model(iter_dir)
2     indices_to_add = acquisition_factory(cfg.acquisition_type)(
3         data.x_train,
4         cfg.n_samples_per_iter,
5         n_iter=cfg.n_iter,
6         model=model,
7     )
8     added_indices.append(indices_to_add)
9     data, (iter_x, iter_y) = update_ds(data, indices_to_add)
```

(3) 最后，保存添加的图像，计算测试准确率并保存结果：

```
1     save_images_and_labels_added(iter_dir, iter_x, iter_y)
2     preds = model(data.x_test)
3     accuracy = get_accuracy(data.y_test, preds)
4     accuracies[i] = accuracy
5     save_results(accuracies, added_indices, model_dir)
```

在这个循环中，需定义几个小型辅助函数。首先，为模型定义一个回调函数，将验证准确率最高的模型保存到模型目录中：

```
1 def get_callback(model_dir: Path):
2     model_checkpoint_callback = tf.keras.callbacks.ModelCheckpoint(
3         str(model_dir),
4         monitor="val_accuracy",
5         verbose=0,
6         save_best_only=True,
7     )
8     return model_checkpoint_callback
```

此外，还需定义一个函数来计算测试集的准确率：

```
1 def get_accuracy(y_test: np.ndarray, preds: np.ndarray) -> float:
2     acc = tf.keras.metrics.CategoricalAccuracy()
3     acc.update_state(preds, y_test)
4     return acc.result().numpy() * 100
```

最后，定义两个小函数，用于保存每次迭代的结果：

```
 1 def save_images_and_labels_added(
 2     output_path: Path, iter_x: np.ndarray, iter_y: np.ndarray
 3 ):
 4     df = pd.DataFrame()
 5     df["label"] = np.argmax(iter_y, axis=1)
 6     iter_x_normalised = (np.squeeze(iter_x, axis=-1) * 255).astype(np.uint8)
 7     df["image"] = iter_x_normalised.reshape(10, 28*28).tolist()
 8     df.to_parquet(output_path / "added.parquet", index=False)
 9
10 def save_results(
11     accuracies: Dict[int, float], added_indices: List[int], model_dir: Path
12 ):
13     df = pd.DataFrame(accuracies.items(), columns=["i", "accuracy"])
14     df["added"] = added_indices
15     df.to_parquet(f"{model_dir}/results.parquet", index=False)
```

注意，运行主动学习循环需要花费相当长的时间：在每次迭代中，都要对模型进行 50 个迭代周期的训练和评估，然后将数据池集(完整训练数据集减去采集的样本)运行 100 次。在使用随机采集函数时，我们省去了最后一步，但仍会在每次迭代中通过模型运行 50 次验证数据，以确保我们使用的模型具有最佳验证准确率。这需要花费时间，但只选择训练准确率最高的模型会有风险：模型在训练过程会多次看到几幅相同的图像，因此很可能会对训练数据产生过拟合。

步骤6：检查结果

有了循环之后，便可检查这一过程的结果。使用 seaborn 和 matplotlib 来可视化这一结果：

```
1 import seaborn as sns
2 import matplotlib.pyplot as plt
3 import pandas as pd
```

```
4 import numpy as np
5 sns.set_style("darkgrid")
6 sns.set_context("paper")
```

我们主要关注的是，使用随机采集函数训练的模型和使用通过认知不确定性获取的数据训练的模型，随着时间推移测试准确率的变化情况。为了将其可视化，定义一个函数来加载结果，然后返回一张图，显示每个主动学习迭代周期的准确率：

```
1 def plot(uuid: str, acquisition: str, ax=None):
2     acq_name = acquisition.replace("_", " ")
3     df = pd.read_parquet(f"./models/{acquisition}/{uuid}/results.parquet")[:-1]
4     df = df.rename(columns={"accuracy": acq_name})
5     df["n_samples"] = df["i"].apply(lambda x: x*10 + 20)
6     return df.plot.line(
7         x="n_samples", y=acq_name, style='.-', figsize=(8,5), ax=ax
8     )
```

然后，可以使用该函数绘制两种采集函数得到的结果：

```
1 ax = plot("bc1adec5-bc34-44a6-a0eb-fa7cb67854e4", "random")
2 ax = plot(
3     "5c8d6001-a5fb-45d3-a7cb-2a8a46b93d18", "knowledge_uncertainty", ax=ax
4 )
5 plt.xticks(np.arange(0, 1050, 50))
6 plt.yticks(np.arange(54, 102, 2))
7 plt.ylabel("Accuracy")
8 plt.xlabel("Number of acquired samples")
9 plt.show()
```

输出结果如图 8.8 所示。

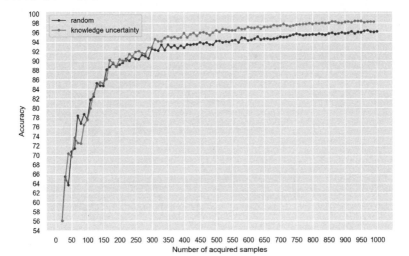

图 8.8　主动学习结果

图 8.8 显示，通过认知不确定性采集样本，在采集约 300 个样本后，模型的准确率开始显著提高。该模型的最终准确率比通过随机样本训练的模型的准确率高出约两个百分点。这看起来并不多，但也可以从另一个角度来看待数据：需要获取多少个样本才能达到特定的准确率？如果仔细观察这幅图，就会发现认知不确定性通过 400 个训练样本达到了 96% 的准确率。而用随机样本训练的模型至少需要 750 个样本才能达到同样的准确率。所需数据量几乎是相同准确率下的两倍。这表明，使用正确的采集函数进行主动学习非常有用，尤其是在计算资源可用，但标注成本高昂的情况下。使用正确的样本，或许能将标注成本降低一半，从而达到相同的准确率。

由于我们保存了每次迭代所获取的样本，因此还可以检查两个模型所选择的图像类型。为了使可视化效果更易于理解，将可视化每种方法针对每个标签采集的最后五幅图像。为此，首先定义一个函数，用于返回一组模型目录下每个标签对应的图像：

```python
1  def get_imgs_per_label(model_dirs) -> Dict[int, np.ndarray]:
2      imgs_per_label = {i: [] for i in range(10)}
3      for model_dir in model_dirs:
4          df = pd.read_parquet(model_dir / "images_added.parquet")
5          df.image = df.image.apply(
6              lambda x: x.reshape(28, 28).astype(np.uint8)
7          )
8          for label in df.label.unique():
9              dff = df[df.label == label]
10             if len(dff) == 0:
11                 continue
12             imgs_per_label[label].append(np.hstack(dff.image))
13     return imgs_per_label
```

然后，再定义一个函数，创建一个 PIL 图像，将特定采集函数返回的每个标签对应的图像串联起来：

```python
1  from PIL import Image
2  from pathlib import Path
3
4  def get_added_images(
5      acquisition: str, uuid: str, n_iter: int = 5
6  ) -> Image:
7      base_dir = Path("./models") / acquisition / uuid
8      model_dirs = filter(lambda x: x.is_dir(), base_dir.iterdir())
9      model_dirs = sorted(model_dirs, key=lambda x: int(x.stem))
10     imgs_per_label = get_imgs_per_label(model_dirs)
11     imgs = []
12     for i in range(10):
13         label_img = np.hstack(imgs_per_label[i])[:, -(28 * n_iter):]
14         imgs.append(label_img)
15     return Image.fromarray(np.vstack(imgs))
```

之后就可以使用以下设置和 UUID 来调用这些函数：

```
1 uuid = "bc1adec5-bc34-44a6-a0eb-fa7cb67854e4"
2 img_random = get_added_images("random", uuid)
3 uuid = "5c8d6001-a5fb-45d3-a7cb-2a8a46b93d18"
4 img_ku = get_added_images("knowledge_uncertainty", uuid)
```

图 8.9 对输出结果进行了比较。

图 8.9　随机选择的图像(左)和通过认知不确定性与 MC 舍弃选择的图像(右)。每行显示为标签选择的最后五个图像

从图 8.9 中可以看出，与随机选择的图像相比，通过认知不确定性采集函数选择的图像可能更难分类。不确定性采集函数选择了数据集中很多不同寻常的数字表示。由于采集函数能够选择这些图像，因此模型能够更好地理解数据集的完整分布，从而随着时间的推移获得更好的准确率。

8.5　利用不确定性估计进行更智能的强化学习

强化学习(Reinforcement Learning)旨在开发能够从环境中学习的机器学习技术。从强化学习的名称中就可以看出其基本原理：目的是强化成功的行为。一般来说，在强化学习中，有一个能够在环境中执行一系列动作的智能体。在这些动作之后，智能体会收到来自环境的反馈，这些反馈用于让智能体更好地了解在当前环境状态下，哪些动作更有可能产生积极的结果。

从形式上看，可以用一组状态 S、一组动作 A(从当前状态 s 映射到新状态 s')和一个奖励函数 $R(s, s')$ 来描述强化学习，其中 $R(s, s')$ 描述了在当前状态 s 和新状态 s' 之间转换的奖励。状态集包括一组环境状态(S_e)和一组智能体状态(S_a)，它们共同描述了整个系统的状态。

可以用"马可-波罗"游戏来思考这个问题，在这个游戏中，一个玩家通过呼叫和回应来寻找另一个玩家。当寻找者呼叫"马可"时，另一名玩家会回答"波罗"，寻找者根据声音的方向和振幅来估计回答者的位置。如果将其简化成基于距离来考虑，距离越小的状态就是更近的状态，如 $\delta = d - d' > 0$，其中 d 是状态 s 的距离，d' 是状态 s' 的距离。反之，$\delta = d - d' < 0$ 的状态就代表更远的距离。因此，在这个例子中，可以将 δ 值作为模型的反馈，奖励函数为 $\delta = R(s, s') = d - d'$。

图 8.10 所示为马可波罗强化学习场景示意图。

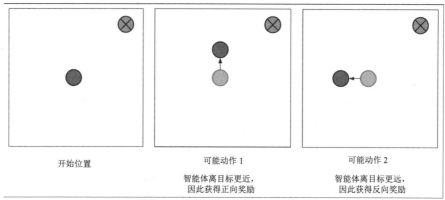

图 8.10 马可波罗强化学习场景示意图

把智能体视为"寻找者"，把目标视为"隐藏者"。在每一步中，智能体都会收集更多有关其环境的信息，以便能够更好地模拟其动作 $A(s)$ 与奖励函数 $R(s, s')$ 之间的关系(换句话说，它正在学习需要朝哪个方向移动才能更接近目标)。在每一步中，都需要根据当前状态下可能的动作集 A_s 来预测奖励函数，从而选择最有可能使该奖励函数最大化的动作。在这种情况下，动作集是可以移动的方向集，例如，向前、向后、向左和向右。

传统的强化学习使用一种名为 **Q 学习**的方法来学习状态、动作和奖励之间的关系。Q 学习不涉及神经网络模型，而是将状态、动作和奖励信息积累到一个表格(Q 表)中，然后再根据当前状态确定最有可能产生最高奖励的动作。虽然 Q 学习功能强大，但对于大量的状态和动作来说，它的计算量会变得非常大。为了解决这个问题，研究人员提出了**深度 Q 学习**的概念，即用神经网络代替 Q 表。通过(通常是大量的)迭代，神经网络会学习在当前状态下，哪些动作可能会得到更高的奖励。

为了预测哪个动作可能产生最高奖励值，我们使用了一个根据所有历史动作 A_h、状态 S_h 和奖励 R_h 训练出来的模型。训练输入 X 包括动作 A_h 和状态 S_h，而目标输出 y 包括奖励值 R_h。然后，可以将该模型用作**模型预测控制器(Model Predictive Controller, MPC)**的一部分，该控制器将根据哪个动作与最高预测奖励相关联来选择动作:

$$a_{next} = \arg\max y_i \forall a_i \in A_s \tag{8.6}$$

这里，y_i 是模型 $f(a_i, s)$ 预测的奖励值，它将当前状态 s 和可能的动作 $a_i \in A_s$ 映射到奖励值上。不过，在该模型派上用场之前，需要收集数据进行训练。我们将在一系列迭代中积累数据，其中每一次迭代都包括智能体所采取的一系列动作，直到满足某些终止标准为止。理想的终止标准是智能体找到目标，但我们也可以设定其他标准，例如智能体遇到障碍或智能体用尽了最多的动作次数。由于模型一开始没有提供任何信息，我们使用了强化学习中常用的贪婪策略，即 ϵ-贪婪策略，让智能体从环境中随机采样。这里的想法是，智能体将执行概率为 ϵ 的随机动作，否则将使用模型预测来选择动作。每一次迭代结束后，我们都会降低 ϵ 值，这样，智能体最终将完全根据模型来选择动作。下面通过一个简单的强化学习示例来了解所有这些操作。

步骤 1：初始化环境

强化学习示例将以环境为中心：环境定义了动作发生的位置。我们将使用 Environment 类来处理这个问题。首先，设置环境参数：

```
1  import numpy as np
2  import tensorflow as tf
3  from scipy.spatial.distance import euclidean
4  from tensorflow.keras import (
5      Model,
6      Sequential,
7      layers,
8      optimizers,
9      metrics,
10     losses,
11 )
12 import pandas as pd
13 from sklearn.preprocessing import StandardScaler
14 import copy
15
16
17 class Environment:
18     def __init__(self, env_size=8, max_steps=2000):
19         self.env_size = env_size
20         self.max_steps = max_steps
21         self.agent_location = np.zeros(2)
22         self.target_location = np.random.randint(0, self.env_size, 2)
23         self.action_space = {
24             0: np.array([0, 1]),
25             1: np.array([0, -1]),
26             2: np.array([1, 0]),
27             3: np.array([-1, 0]),
28         }
29         self.delta = self.compute_distance()
30         self.is_done = False
31         self.total_steps = 0
32         self.ideal_steps = self.calculate_ideal_steps()
33 ...
```

注意，这里的环境大小用 env_size 表示，它定义了环境中的行数和列数。在本例中，环境大小为 8×8，因此有 64 个位置(为简便起见，以下将使用正方形环境)。此外，还将设置 max_steps 限制，这样在智能体随机选择动作时，一个迭代周期便不会持续太久。

此外，还将设置 agent_location 和 target_location 变量；智能体始终从点[0,0]开始选择动作，而目标位置则随机分配。

接下来，创建一个字典，将一个整数值映射到一个动作。从 0 到 3，这些动作分别是：向前、向后、向右、向左。还需设置 delta 变量，这是智能体与目标之间的初始距离(稍后你将看到 compute_distance()是如何实现的)。

最后，初始化几个变量，用于跟踪是否满足终止条件(is_done)、总步数(total_steps)和理想步数(ideal_steps)。理想步数是指智能体从起始位置到达目标所需的最小步数。我们将用它来计算懊悔值，这是衡量强化学习和优化算法性能的一个有用指标。为了计算懊悔值，需在类中添加以下两个函数：

```
1    ...
2
3    def calculate_ideal_action(self, agent_location, target_location):
4        min_delta = 1e1000
5        ideal_action = -1
6        for k in self.action_space.keys():
7            delta = euclidean(
8                agent_location + self.action_space[k], target_location
9            )
10           if delta <= min_delta:
11               min_delta = delta
12               ideal_action = k
13       return ideal_action, min_delta
14
15   def calculate_ideal_steps(self):
16       agent_location = copy.deepcopy(self.agent_location)
17       target_location = copy.deepcopy(self.target_location)
18       delta = 1e1000
19       i = 0
20       while delta > 0:
21           ideal_action, delta = self.calculate_ideal_action(
22               agent_location, target_location
23           )
24           agent_location += self.action_space[ideal_action]
25           i += 1
26       return i
27   ...
```

这里，calculate_idealate_steps()会一直运行，直到智能体与目标之间的距离(delta)为零。每次迭代时，它都会使用 calculate_ideal_action()来选择使智能体最接近目标的动作。

步骤2：更新环境状态

初始化环境之后，需要添加类中的一个最关键部分：update 方法。当智能体采取新的动作时，该方法将控制环境的变化：

```
1    ...
2    def update(self, action_int):
3        self.agent_location = (
4            self.agent_location + self.action_space[action_int]
```

```
5            )
6            # prevent the agent from moving outside the bounds of the environment
7            self.agent_location[self.agent_location > (self.env_size - 1)] = (
8                self.env_size - 1
9            )
10           self.compute_reward()
11           self.total_steps += 1
12           self.is_done = (self.delta == 0) or (self.total_steps >= self.max_steps)
13           return self.reward
14       ...
```

该方法接收一个动作整数值，并以此访问我们之前定义的 action_space 字典中的相应动作，然后更新智能体位置。由于智能体位置和动作都是向量，因此可以简单地使用向量加法来完成这一操作。接下来，我们将检查该智能体是否已被移出我们的环境范围：

- 如果已经移出，只需调整其位置，使其保持在环境边界内。

下一行是另一段关键代码：使用 compute_reward() 计算奖励。

- 计算出奖励后，递增 total_steps 计数器，检查终止条件，并返回该动作的奖励值。

使用以下函数来确定奖励。如果智能体与目标之间的距离增加，则返回低奖励值(1)；如果智能体与目标之间的距离减少，则返回高奖励值(10)：

```
1    ...
2    def compute_reward(self):
3        d1 = self.delta
4        self.delta = self.compute_distance()
5        if self.delta < d1:
6            self.reward = 10
7        else:
8            self.reward = 1
9    ...
```

这里使用 compute_distance() 函数来计算智能体与目标之间的欧氏距离：

```
1    ...
2    def compute_distance(self):
3        return euclidean(self.agent_location, self.target_location)
4    ...
```

最后需要一个函数用于获取环境状态，以便将其与奖励值联系起来。该函数的定义如下：

```
1    ...
2    def get_state(self):
3        return np.concatenate([self.agent_location, self.target_location])
4    ...
```

步骤 3：定义模型

建立环境之后，接着创建一个模型类。这个类将处理模型训练和推理，并根据模型的预测选择最佳动作。像往常一样，从 __init__ ()方法开始：

```
1    class RLModel:
2    def __init__(self, state_size, n_actions, num_epochs=500):
3        self.state_size = state_size
4        self.n_actions = n_actions
5        self.num_epochs = 200
6        self.model = Sequential()
7        self.model.add(
8            layers.Dense(
9                20, input_dim=self.state_size, activation="relu", name="layer_1"
10           )
11       )
12       self.model.add(layers.Dense(8, activation="relu", name="layer_2"))
13       self.model.add(layers.Dense(1, activation="relu", name="layer_3"))
14       self.model.compile(
15           optimizer=optimizers.Adam(),
16           loss=losses.Huber(),
17           metrics=[metrics.RootMeanSquaredError()],
18       )
19   ...
```

此处需要传递一些与环境相关的变量，如状态大小和动作数量。与模型定义相关的代码你应该很熟悉，而且我们只是使用 Keras 来实例化一个神经网络。需要注意的一点是，这里使用的是 Huber 损失，而不是更常见的均方误差。这是鲁棒回归任务和强化学习中的常见选择。原因在于，Huber 损失可以在均方误差和均方绝对误差之间动态切换。前者能很好地惩罚小误差，而后者对异常值更鲁棒。通过使用 Huber 损失，可以得到一个既能抑制异常值，又能惩罚小误差的损失函数。

这一点在强化学习中尤为重要，因为算法具有探索性。我们经常会遇到一些探索性很强的示例，它们所用的数据与其他数据偏差很大，因此在训练过程中会造成很大的误差。

完成类的初始化后，便可开始使用 fit()和 predict()函数了：

```
1 ...
2    def fit(self, X_train, y_train, batch_size=16):
3        self.scaler = StandardScaler()
4        X_train = self.scaler.fit_transform(X_train)
5        self.model.fit(
6            X_train,
7            y_train,
8            epochs=self.num_epochs,
9            verbose=0,
10           batch_size=batch_size,
```

```
11              )
12
13
14      def predict(self, state):
15          rewards = []
16          X = np.zeros((self.n_actions, self.state_size))
17          for i in range(self.n_actions):
18              X[i] = np.concatenate([state, [i]])
19          X = self.scaler.transform(X)
20          rewards = self.model.predict(X)
21          return np.argmax(rewards)
```

fit()函数你应该很熟悉，而且我们只是在拟合 Keras 模型之前对输入进行缩放。predict()函数则要复杂一些。因为要对每个可能的动作(向前、向后、向右、向左)进行预测，所以需要为这些动作生成输入。为此，要将与动作相关的整数值及其状态连接起来，生成完整的状态-动作向量，如第 11 行代码所示。对所有动作进行这样的处理后，便可得到输入矩阵 X，其中每一行都与特定的动作相关联。然后，对 X 进行缩放并进行推理，从而得到预测的奖励值。要选择某个动作，只需使用 np.argmax() 来获取与最高预测奖励相关的索引。

步骤 4：进行强化学习

定义了 Environment 和 RLModel 类之后，便可进行强化学习！首先设置一些重要变量并实例化模型：

```
 1 env_size = 8
 2 state_size = 5
 3 n_actions = 4
 4 epsilon = 1.0
 5 history = {"state": [], "reward": []}
 6 n_samples = 1000
 7 max_steps = 500
 8 regrets = []
 9
10 model = RLModel(state_size, n_actions)
```

其中大部分内容现在你应该已经很熟悉了，但我们还会介绍一些尚未涉及的内容。history字典是我们在每次迭代的每个步骤中存储状态和奖励信息的地方。然后，我们将利用这些信息来训练模型。这里的另一个新变量是 n_samples——之所以设置这个变量，是因为每次训练模型时，将从数据中抽取 1,000 个数据点，而不是使用所有可用数据。这有助于避免随着积累的数据越来越多，训练时间急剧增加。最后一个新变量是 regrets。这个列表将存储每次迭代的懊悔值。在该例中，懊悔值被简单定义为模型所走的步数与智能体到达目标所需的最小步数之间的差值：

$$regret = steps_{model} - steps_{ideal} \tag{8.7}$$

因此，懊悔值为零等价于 $steps_{model} == steps_{ideal}$。在模型学习过程中，懊悔值对于衡量性能非常有用，接下来你就会看到。剩下的就是运行强化学习过程的主循环了：

```python
for i in range(100):
    env = Environment(env_size, max_steps=max_steps)
    while not env.is_done:
        state = env.get_state()
        if np.random.rand() < epsilon:
            action = np.random.randint(n_actions)
        else:
            action = model.predict(state)
        reward = env.update(action)
        history["state"].append(np.concatenate([state, [action]]))
        history["reward"].append(reward)
    print(
        f"Completed episode {i} in {env.total_steps} steps."
        f"Ideal steps: {env.ideal_steps}."
        f"Epsilon: {epsilon}"
    )
    regrets.append(np.abs(env.total_steps-env.ideal_steps))
    idxs = np.random.choice(len(history["state"]), n_samples)
    model.fit(
        np.array(history["state"])[idxs],
        np.array(history["reward"])[idxs]
    )
    epsilon-=epsilon/10
```

此处，运行强化学习过程 100 个迭代周期，每次都重新初始化环境。正如从内部 while 循环中看到的那样，我们将继续进行迭代，以更新智能体并测量奖励，直到满足终止标准之一(要么智能体到达目标，要么运行允许的最大迭代次数)。

每次迭代结束后，print 语句会知道迭代没有出错，并告诉我们与理想步数相比，智能体的表现如何。然后，我们计算懊悔值并将其添加到 regrets 列表中，从历史数据中采样并在采样数据上拟合模型。最后，通过减少 ε 值来完成外循环的每次迭代。

运行完成后，还可以绘制懊悔值曲线，以了解结果：

```python
import matplotlib.pyplot as plt
import seaborn as sns

df_plot = pd.DataFrame({"regret": regrets, "episode": np.arange(len(regrets))})
sns.lineplot(x="episode", y="regret", data=df_plot)
fig = plt.gcf()
fig.set_size_inches(5, 10)
plt.show()
```

结果如图 8.11 所示，显示了模型在 100 次迭代中的表现。

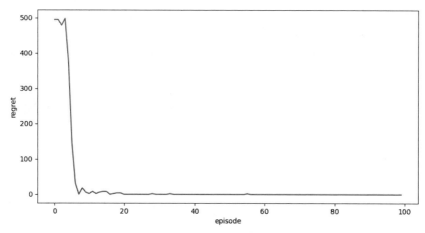

图 8.11　强化学习 100 次后的懊悔值曲线图

从图中可以看出，一开始模型的表现并不理想，但模型很快就学会了预测奖励值，从而能够预测最佳动作，并将懊悔值降至 0。

到目前为止，一切都很简单。事实上，你可能想知道为什么我们需要一个模型，而不是直接计算目标位置和建议位置之间的距离，然后选择相应的动作呢？首先，强化学习的目的是让智能体在没有任何先验知识的情况下，学会如何在给定环境中进行交互，因此，虽然智能体可以执行动作，但它并没有距离的概念。这需要通过与环境互动来学习。其次，事情可能没那么简单：如果环境中有障碍物怎么办？在这种情况下，智能体需要更加智能，而不仅仅是朝着声音的方向移动。

虽然这只是一个说明性的例子，但对于强化学习在现实世界中的应用所涉及的场景，我们所掌握的知识非常有限，因此，设计一个能够探索环境并学习如何以最佳方式进行交互的智能体，可以为那些无法使用监督方法的应用开发模型。

在现实世界中，另一个需要考虑的因素是风险：我们希望智能体能做出明智的决策，而不仅仅是最大化奖励的决策，因此我们需要它对风险/奖励的权衡有一定的了解。这就是不确定性估计的作用所在。

利用不确定性克服障碍

有了不确定性估计，就可以平衡奖励和模型预测置信度之间的关系。如果其置信度很低(意味着不确定性很高)，那么在纳入模型预测时可能需要谨慎。例如，以刚才探讨的强化学习场景为例。在每次迭代中，模型都会预测哪个动作会产生最高奖励，然后智能体便会选择这个动作。在现实世界中，事情并非如此可预测，因为环境可能会发生变化，从而导致产生意想不到的后果。如果环境中出现了一个障碍物，而与该障碍物相撞会导致智能体无法完成任务，那该怎么办呢？很显然，如果智能体之前没有遇到过障碍物，那么它注定会失败。

幸运的是，在贝叶斯深度学习中，情况并非如此。只要有办法感知障碍物，智能体就能检测到障碍物，并采取不同的路线——即使在之前的迭代中没有遇到过障碍物。图 8.12 说明了不确定性如何影响强化学习智能体的动作。

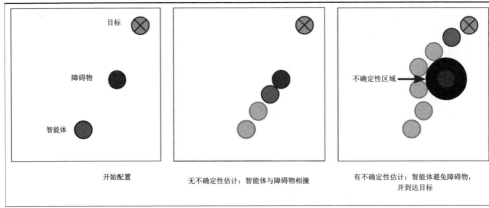

图 8.12 不确定性如何影响强化学习智能体动作的说明

这要归功于不确定性估计。当模型遇到异常情况时，它对该预测的不确定性估计值会很高。因此，如果将其纳入 MPC 公式，就可以平衡奖励与不确定性，从而确保我们优先考虑低风险而不是高奖励。为此，对 MPC 公式进行如下修改：

$$a_{next} = \arg\max(y_i - \lambda\sigma_i)\forall a_i \in A_s \tag{8.8}$$

从这里可以看到，现在要从奖励预测 y_i 中减去一个值 $\lambda\sigma_i$。这是因为 σ_i 是与第 i 个预测相关的不确定性值。使用 λ 来衡量不确定性，以便适当地惩罚不确定的动作；这是一个可以根据应用情况进行调整的参数。如果方法校准得足够好，那么在模型预测不确定的情况下，会看到较大的 σ_i 值。

下面以前面的代码示例为基础，介绍一下不确定性估计的实际应用。

步骤 1：引入障碍物

在环境中引入障碍物，从而给智能体制造挑战。为了测试智能体对陌生输入的反应，我们将改变障碍物所遵循的策略，它会根据环境的设置来遵循静态策略或动态策略。更改 Environment 类的__init__()函数，以纳入这些更改：

```
1    def __init__(self,env_size=8,max_steps=2000,dynamic_obstacle=False,lambda_val=2):
2        self.env_size = env_size
3        self.max_steps = max_steps
4        self.agent_location = np.zeros(2)
5        self.dynamic_obstacle = dynamic_obstacle
6        self.lambda_val = lambda_val
7        self.target_location = np.random.randint(0, self.env_size, 2)
8        while euclidean(self.agent_location, self.target_location) < 4:
9            self.target_location = np.random.randint(0, self.env_size, 2)
10       self.action_space = {
11           0: np.array([0, 1]),
12           1: np.array([0, -1]),
13           2: np.array([1, 0]),
```

```
14           3: np.array([-1, 0]),
15       }
16       self.delta = self.compute_distance()
17       self.is_done = False
18       self.total_steps = 0
19       self.obstacle_location = np.array(
20           [self.env_size / 2, self.env_size / 2], dtype=int
21       )
22       self.ideal_steps = self.calculate_ideal_steps()
23       self.collision = False
24
```

此处发生的变化较多，因此需逐一介绍。首先，为了确定障碍物处于静态还是动态，要设置 dynamic_obstacle 变量。如果其值为 True，将随机设置障碍物的位置。如果其值为 False，那么障碍物将位于环境的中间位置。此处还需设置 lambda(λ)参数，默认值为 2。

在设置 target_location 时，还需引入一个 while 循环：这样做是为了确保智能体和目标之间有一定的距离，同时确保智能体和目标之间有空间来放置动态障碍物，否则智能体可能永远不会遇到障碍物(这在某种程度上有悖于本示例的意义)。

最后，第 17 行代码计算障碍物的位置：你会注意到这只是将其设置为环境的中间位置。这是因为稍后会使用 dynamic_obstacle 标志将障碍物设置在智能体和目标之间。我们在 calculate_ideal_steps()函数运行期间执行此操作，因为这样目标就知道障碍物将位于智能体的理想路径上(因此智能体更有可能遇到它)。

步骤 2：设置动态障碍物

当 dynamic_obstacle 值为 True 时，我们希望将障碍物放置在每次迭代中不同的位置，从而给智能体带来更多挑战。为此，要对 calculate_ideal_steps()函数进行修改，如前所述：

```
1    def calculate_ideal_steps(self):
2        agent_location = copy.deepcopy(self.agent_location)
3        target_location = copy.deepcopy(self.target_location)
4        delta = 1e1000
5        i = 0
6        while delta > 0:
7            ideal_action, delta = self.calculate_ideal_action(
8                agent_location, target_location
9            )
10           agent_location += self.action_space[ideal_action]
11           if np.random.randint(0, 2) and self.dynamic_obstacle:
12               self.obstacle_location = copy.deepcopy(agent_location)
13           i += 1
14       return i
```

在此可以看到，在 while 循环的每次迭代中，都会调用 np.random.randint(0, 2)。这是为了随机调整理想路径上障碍物所处的位置。

步骤 3: 增加感知

如果智能体无法感知到引入环境中的物体，它就无法避开该物体。因此，添加一个函数来模拟传感器：get_obstacle_proximity()。这个传感器将为智能体提供信息，告诉它在执行特定动作时，距离某个物体有多近。返回值会逐渐变高，而这取决于给定动作将智能体放置在离目标有多近的地方。如果动作将智能体放置在离目标足够远的地方(在本例中，至少为 4.5 个空间)，那么传感器将返回零。这个感知函数能使智能体有效地提前一步感知，所以可以认为传感器的感知范围是一步。

```python
 1    def get_obstacle_proximity(self):
 2      obstacle_action_dists = np.array(
 3        [
 4            euclidean(
 5                self.agent_location + self.action_space[k],
 6                self.obstacle_location,
 7            )
 8            for k in self.action_space.keys()
 9        ]
10      )
11      return self.lambda_val * (
12          np.array(obstacle_action_dists < 2.5, dtype=float)
13          + np.array(obstacle_action_dists < 3.5, dtype=float)
14          + np.array(obstacle_action_dists < 4.5, dtype=float)
15      )
```

这里，首先计算智能体在每次动作后的未来接近度，然后计算整数"接近度"值。计算方法是首先为每个接近条件构建布尔数组，在本例中为 $\delta_o < 2.5$、$\delta_o < 3.5$ 和 $\delta_o < 4.5$，其中 δ_o 是到障碍物的距离。然后，将这些值相加，根据满足接近条件的具体数量，接近度分数的整数值为 3、2 或 1。这样，就得到了一个传感器，它能为每个建议的动作返回有关障碍物未来距离的一些基本信息。

步骤 4: 修改奖励函数

准备环境的最后一步就是更新奖励函数：

```python
 1 def compute_reward(self):
 2          d1 = self.delta
 3          self.delta = self.compute_distance()
 4          if euclidean(self.agent_location, self.obstacle_location) == 0:
 5              self.reward = 0
 6              self.collision = True
 7              self.is_done = True
 8          elif self.delta < d1:
 9              self.reward = 10
10          else:
11              self.reward = 1
```

这里，添加一条语句来检查智能体和障碍物是否发生了碰撞(检查两者之间的距离是否为零)。如果发生碰撞，将返回值为 0 的奖励，并将 collision 和 is_done 变量都设为 True。这样就引入了一个新的终止条件——**碰撞**，并让智能体了解到碰撞是糟糕的，因为碰撞得到的奖励值最低。

步骤 5：初始化不确定性感知模型

现在环境已经准备就绪，但还需要一个新模型，一个能够产生不确定性估计的模型。对于这个模型，我们将使用具有一个单隐层的 MC 舍弃网络：

```python
 1 class RLModelDropout:
 2     def __init__(self, state_size, n_actions, num_epochs=200, nb_inference=10):
 3         self.state_size = state_size
 4         self.n_actions = n_actions
 5         self.num_epochs = num_epochs
 6         self.nb_inference = nb_inference
 7         self.model = Sequential()
 8         self.model.add(
 9             layers.Dense(
10                 10, input_dim=self.state_size, activation="relu", name="layer_1"
11             )
12         )
13         # self.model.add(layers.Dropout(0.15))
14         # self.model.add(layers.Dense(8, activation='relu', name='layer_2'))
15         self.model.add(layers.Dropout(0.15))
16         self.model.add(layers.Dense(1, activation="relu", name="layer_2"))
17         self.model.compile(
18             optimizer=optimizers.Adam(),
19             loss=losses.Huber(),
20             metrics=[metrics.RootMeanSquaredError()],
21         )
22
23         self.proximity_dict = {"proximity sensor value": [], "uncertainty": []}
24     ...
```

这看起来应该很熟悉，但你会注意到一些关键的不同之处。首先，再次使用 Huber 损失。其次，引入一个字典，即 proximity_dict，它将记录从传感器接收到的接近度值以及相关的模型不确定性。这将使我们能够在稍后评估模型对异常接近度值的敏感性。

步骤 6：拟合 MC 舍弃网络

接下来，需要编写以下几行代码：

```python
 1     ...
 2     def fit(self, X_train, y_train, batch_size=16):
 3         self.scaler = StandardScaler()
 4         X_train = self.scaler.fit_transform(X_train)
 5         self.model.fit(
```

```
6                X_train,
7                y_train,
8                epochs=self.num_epochs,
9                verbose=0,
10               batch_size=batch_size,
11           )
12    ...
```

这看起来也很熟悉。我们只是在拟合模型之前，首先通过缩放输入来准备数据。

步骤 7：进行预测
此处，可以看到对 predict()函数进行了小幅的修改：

```
1     ...
2     def predict(self, state, obstacle_proximity, dynamic_obstacle=False):
3         rewards = []
4         X = np.zeros((self.n_actions, self.state_size))
5         for i in range(self.n_actions):
6             X[i] = np.concatenate([state, [i], [obstacle_proximity[i]]])
7         X = self.scaler.transform(X)
8         rewards, y_std = self.predict_ll_dropout(X)
9         # we subtract our standard deviations from our predicted reward values,
10        # this way uncertain predictions are penalised
11        rewards = rewards - (y_std * 2)
12        best_action = np.argmax(rewards)
13        if dynamic_obstacle:
14          self.proximity_dict["proximity sensor value"].append(
15              obstacle_proximity[best_action]
16          )
17          self.proximity_dict["uncertainty"].append(y_std[best_action][0])
18        return best_action
19    ...
```

更具体地说，我们添加了 obstacle_proximity 和 dynamic_obstacle 变量。前者用于接收传感器信息，并将其纳入传递给模型的输入中。后者是一个标志，告诉我们障碍物是否处于动态阶段。如果是，则需在 proximity_dict 字典中记录有关传感器值和不确定性的信息。

下一个预测代码块看起来应该也很熟悉：

```
1 ...
2     def predict_ll_dropout(self, X):
3         ll_pred = [
4             self.model(X, training=True) for _ in range(self.nb_inference)
5         ]
6         ll_pred = np.stack(ll_pred)
7         return ll_pred.mean(axis=0), ll_pred.std(axis=0)
```

该函数简单地实现了 MC 舍弃推理，获得了 nb_inference 前向传递的预测值，并返回与预测分布相关的平均值和标准差。

步骤 8：调整标准模型

为了了解贝叶斯模型的不同之处，需要将其与非贝叶斯模型进行比较。因此，需要更新之前的 RLModel 类，添加从近距离传感器获取近距离信息的功能：

```
1  class RLModel:
2      def __init__(self, state_size, n_actions, num_epochs=500):
3          self.state_size = state_size
4          self.n_actions = n_actions
5          self.num_epochs = 200
6          self.model = Sequential()
7          self.model.add(
8              layers.Dense(
9                  20, input_dim=self.state_size, activation="relu", name="layer_1"
10             )
11         )
12         self.model.add(layers.Dense(8, activation="relu", name="layer_2"))
13         self.model.add(layers.Dense(1, activation="relu", name="layer_3"))
14         self.model.compile(
15             optimizer=optimizers.Adam(),
16             loss=losses.Huber(),
17             metrics=[metrics.RootMeanSquaredError()],
18         )
19
20     def fit(self, X_train, y_train, batch_size=16):
21         self.scaler = StandardScaler()
22         X_train = self.scaler.fit_transform(X_train)
23         self.model.fit(
24             X_train,
25             y_train,
26             epochs=self.num_epochs,
27             verbose=0,
28             batch_size=batch_size,
29         )
30
31     def predict(self, state, obstacle_proximity, obstacle=False):
32         rewards = []
33         X = np.zeros((self.n_actions, self.state_size))
34         for i in range(self.n_actions):
35             X[i] = np.concatenate([state, [i], [obstacle_proximity[i]]])
36         X = self.scaler.transform(X)
37         rewards = self.model.predict(X)
38         return np.argmax(rewards)
39
```

最重要的是，你在这里可以看到，决策函数并没有发生变化：因为我们没有得到模型的不确定性估计值，模型的 predict() 函数只能根据预测的奖励来选择动作。

步骤 9：准备进行新的强化学习实验

现在，建立新实验的工作已经准备就绪。我们将初始化之前使用过的变量，并引入更多变量：

```
 1 env_size = 8
 2 state_size = 6
 3 n_actions = 4
 4 epsilon = 1.0
 5 history = {"state": [], "reward": []}
 6 model = RLModelDropout(state_size, n_actions, num_epochs=400)
 7 n_samples = 1000
 8 max_steps = 500
 9 regrets = []
10 collisions = 0
11 failed = 0
```

这里，可以看到引入了一个 collisions 变量和一个 failed 变量。它们将记录碰撞次数和失败次数，这样就可以比较贝叶斯模型和非贝叶斯模型的性能。现在可以开始进行实验了！

步骤 10：进行贝叶斯深度学习强化实验

和之前一样，我们将进行 100 次迭代实验。不过，这次只对模型进行前 50 次迭代训练。之后，我们将停止训练，并评估模型找到安全路径到达目标的能力。在最后 50 次迭代中，我们将 dynamic_obstacle 设置为 True，这意味着环境将在每次迭代中随机选择不同的障碍物位置。重要的是，这些随机位置将沿着智能体和目标之间的理想路径分布。

下面一起看看代码：

```
 1 for i in range(100):
 2     if i < 50:
 3         env = Environment(env_size, max_steps=max_steps)
 4         dynamic_obstacle = False
 5     else:
 6         dynamic_obstacle = True
 7         epsilon = 0
 8         env = Environment(
 9             env_size, max_steps=max_steps, dynamic_obstacle=True
10         )
11     ...
```

首先，检查该迭代是否在前 50 次迭代之内。如果是，就以 dynamic_obstacle=False 来实例化环境，并将全局 dynamic_obstacle 变量设为 False。

如果该迭代是最后 50 次迭代之一，就创建一个随机放置障碍物的环境，并将 epsilon 设为

0，以确保我们在选择动作时始终使用模型预测。

接下来，进入 while 循环，让智能体开始运动。这与我们在上一个示例中看到的循环非常相似，只不过这次调用的是 env.get_obstacle_proximity()，在预测中使用返回的障碍物近距离信息，并将这些信息存储在迭代历史记录中：

```
1   ...
2   while not env.is_done:
3       state = env.get_state()
4       obstacle_proximity = env.get_obstacle_proximity()
5       if np.random.rand() < epsilon:
6           action = np.random.randint(n_actions)
7       else:
8           action = model.predict(state, obstacle_proximity, dynamic_obstacle)
9       reward = env.update(action)
10      history["state"].append(
11          np.concatenate([state, [action],
12          [obstacle_proximity[action]]])
13      )
14      history["reward"].append(reward)
15  ...
```

最后，记录一些已完成迭代的信息，并将最近迭代的结果输出到终端。更新 failed 和 collisions 变量，并输出这一迭代的结果是成功完成、智能体未能找到目标，还是智能体与障碍物发生了碰撞：

```
1   if env.total_steps == max_steps:
2       print(f"Failed to find target for episode {i}. Epsilon: {epsilon}")
3       failed += 1
4   elif env.total_steps < env.ideal_steps:
5       print(f"Collided with obstacle during episode {i}. Epsilon: {epsilon}")
6       collisions += 1
7   else:
8       print(
9           f"Completed episode {i} in {env.total_steps} steps."
10          f"Ideal steps: {env.ideal_steps}."
11          f"Epsilon: {epsilon}"
12      )
13  regrets.append(np.abs(env.total_steps-env.ideal_steps))
14  if not dynamic_obstacle:
15      idxs = np.random.choice(len(history["state"]), n_samples)
16      model.fit(
17          np.array(history["state"])[idxs],
18          np.array(history["reward"])[idxs]
19      )
20      epsilon-=epsilon/10
```

这里的最后一条语句还会检查障碍物是否处于动态阶段，如果不是，则进行一轮训练并减小ϵ值(与上一个示例相同)。

那么，结果如何？对 RLModel 和 RLModelDropout 模型重复上述 100 次迭代训练，可得到如图 8.13 所示的结果。

模型	失败回合	碰撞	成功迭代周期
RLModelDropout	19	3	31
RLModel	16	10	34

图 8.13 碰撞预测

从这里可以看出，在选择使用标准神经网络还是贝叶斯神经网络时，两者各有利弊，但标准神经网络能够成功完成更多次迭代。然而，至关重要的是，使用贝叶斯神经网络的智能体只与障碍物碰撞了三次，而使用标准方法则碰撞了 10 次，碰撞次数减少了 70%!

注意，由于实验是随机进行的，结果可能会有所不同，GitHub 仓库中包含了实验的全部内容，以及产生这些结果所使用的种子模型。

通过查看我们记录在 RLModelDropout 的 proximity_dict 字典中的数据，可以更好地理解为什么会出现这种情况：

```
1 import matplotlib.pyplot as plt
2 import seaborn as sns
3
4 df_plot = pd.DataFrame(model.proximity_dict)
5 sns.boxplot(x="proximity sensor value", y="uncertainty", data=df_plot)
```

结果如图 8.14 所示。

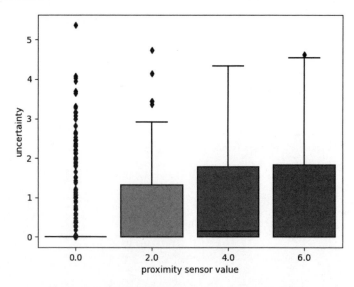

图 8.14 与增加近距离传感器值相关的不确定性估计值分布图

可以看到，随着传感器值的增加，模型的不确定性估计值也在增加。这是因为，在最初的

50 次迭代中，智能体学会了避开环境中心(因为这是障碍物所在的位置)，因此它习惯了低的(或为零)近距离传感器值。这意味着较高的传感器值是不正常的，因此它能够被模型的不确定性估计值所识别。然后，智能体利用不确定性感知 MPC 公式，成功地解释了这种不确定性。

在这个例子中，我们看到了如何将贝叶斯深度学习应用于强化学习，以促进强化学习智能体采取更谨慎的行为。虽然这个例子非常简单，但其意义却非常重大：想象一下将其应用到安全关键型应用中的情景。在这种情况下，如果能满足更好的安全要求，我们往往乐于接受较差的整体模型性能。因此，贝叶斯深度学习在安全强化学习领域占有重要地位，有了它，就可以开发出适用于安全关键型应用场景的强化学习方法。

在下一节中，我们将介绍贝叶斯深度学习如何用于创建对现实世界应用中另一个关键因素具有鲁棒性的模型，这一关键因素即对抗性输入。

8.6　对对抗性输入的敏感性

在第 3 章中，我们看到可以通过稍微扰动图像的输入像素来欺骗卷积神经网络。一张明显看起来像猫的图片被高置信度地预测为狗。我们创建的对抗性攻击(FSGM)是众多对抗性攻击中的一种，而贝叶斯深度学习可以提供一些针对这些攻击的保护。接下来看看它在实践中是如何运作的。

步骤 1：模型训练

此处，不使用第 3 章中的预训练模型，而是从头开始训练一个模型。使用第 3 章中相同的训练和测试数据，有关如何加载数据集的说明，请参见该章。需要提醒的是，该数据集是一个相对较小的猫狗数据集。首先定义模型。接着使用类似于 VGG 的架构，但在每个 MaxPooling2D 层之后都添加舍弃：

```
1  def conv_block(filters):
2    return [
3      tf.keras.layers.Conv2D(
4        filters,
5        (3, 3),
6        activation="relu",
7        kernel_initializer="he_uniform",
8      ),
9    tf.keras.layers.MaxPooling2D((2, 2)),
10   tf.keras.layers.Dropout(0.5),
11   ]
12
13
14   model = tf.keras.models.Sequential(
15   [
16       tf.keras.layers.Conv2D(
```

```
17              32,
18              (3, 3),
19              activation="relu",
20              input_shape=(160, 160, 3),
21              kernel_initializer="he_uniform",
22          ),
23          tf.keras.layers.MaxPooling2D((2, 2)),
24          tf.keras.layers.Dropout(0.2),
25          *conv_block(64),
26          *conv_block(128),
27          *conv_block(256),
28          *conv_block(128),
29          tf.keras.layers.Conv2D(
30              64,
31              (3, 3),
32              activation="relu",
33              kernel_initializer="he_uniform",
34          ),
35          tf.keras.layers.Flatten(),
36          tf.keras.layers.Dense(64, activation="relu"),
37          tf.keras.layers.Dropout(0.5),
38          tf.keras.layers.Dense(2),
39      ]
40  )
41
42
```

然后，对数据进行归一化处理，编译并训练模型：

```
1 train_dataset_preprocessed = train_dataset.map(lambda x, y: (x / 255., y))
2 val_dataset_preprocessed = validation_dataset.map(lambda x, y: (x / 255., y))
3
4 model.compile(optimizer=tf.keras.optimizers.Adam(learning_rate=0.001),
5              loss=tf.keras.losses.CategoricalCrossentropy(from_logits=True),
6              metrics=['accuracy'])
7 model.fit(
8     train_dataset_preprocessed,
9     epochs=200,
10    validation_data=val_dataset_preprocessed,
11 )
```

这将使模型准确率达到约85%。

步骤 2：运行推理并评估标准模型

训练好模型之后，我们再看看它在进行对抗性攻击时能提供的保护功能。在第 3 章中，我们从零开始创建了一种对抗性攻击。本章将使用 cleverhans 库，用一行代码同时为多张图像创建相同的攻击：

```
1 from cleverhans.tf2.attacks.fast_gradient_method import (
2     fast_gradient_method as fgsm,
3 )
```

首先，在原始图像和对抗图像上测量确定性模型的准确率：

```
1 predictions_standard, predictions_fgsm, labels = [], [], []
2 for imgs, labels_batch in test_dataset:
3     imgs /= 255.
4     predictions_standard.extend(model.predict(imgs))
5     imgs_adv = fgsm(model, imgs, 0.01, np.inf)
6     predictions_fgsm.extend(model.predict(imgs_adv))
7     labels.extend(labels_batch)
```

现在有了预测结果，便可打印准确率了：

```
1 accuracy_standard = CategoricalAccuracy()(
2     labels, predictions_standard
3 ).numpy()
4 accuracy_fgsm = CategoricalAccuracy()(
5     labels, predictions_fgsm
6 ).numpy()
7 print(f"{accuracy_standard=.2%}, {accuracy_fsgm=:.2%}")
8 # accuracy_standard=83.67%, accuracy_fsgm=30.70%
```

可以看到，标准模型几乎无法抵御这种对抗性攻击。虽然它在标准图像上表现不错，但在对抗图像上的准确率只有 30.70%！再看看贝叶斯模型能否做得更好。由于模型是用舍弃训练出来的，因此可以很容易地将其变成 MC 舍弃模型。创建一个推理函数，并在推理过程中保留舍弃函数，如 training=True 参数所示：

```
1 import numpy as np
2
3
4 def mc_dropout(model, images, n_inference: int = 50):
5     return np.swapaxes(np.stack([
6         model(images, training=True) for _ in range(n_inference)
7     ]), 0, 1)
```

有了这个函数，就可以用 MC 舍弃推理取代标准循环。再次跟踪所有预测结果，并在标准图像和对抗图像上运行推理：

```
1 predictions_standard_mc, predictions_fgsm_mc, labels = [], [], []
2 for imgs, labels_batch in test_dataset:
3    imgs /= 255.
4    predictions_standard_mc.extend(
5       mc_dropout(model, imgs, 50)
6    )
7    imgs_adv = fgsm(model, imgs, 0.01, np.inf)
8    predictions_fgsm_mc.extend(
9       mc_dropout(model, imgs_adv, 50)
10   )
11   labels.extend(labels_batch)
```

再次打印出准确率：

```
1 accuracy_standard_mc = CategoricalAccuracy()(
2    labels, np.stack(predictions_standard_mc).mean(axis=1)
3 ).numpy()
4 accuracy_fgsm_mc = CategoricalAccuracy()(
5    labels, np.stack(predictions_fgsm_mc).mean(axis=1)
6 ).numpy()
7 print(f"{accuracy_standard_mc=.2%}, {accuracy_fgsm_mc=:.2%}")
8 # accuracy_standard_mc=86.60%, accuracy_fgsm_mc=80.75%
```

可以看到，简单的修改使模型设置对对抗攻击示例更具鲁棒性。准确率不再是30%左右，而是超过了80%，非常接近确定性模型在无扰动图像上83%的准确率。此外，还可以看到MC舍弃在标准图像上的准确率也提高了几个百分点，从83%提高到86%。几乎没有一种方法能对对抗攻击示例具备完美的鲁棒性，因此我们能如此接近模型的标准准确率是一项了不起的成就。

由于该模型以前没有见过对抗图像，因此与标准模型相比，具有良好不确定性值的模型在对抗图像上的平均置信度也应该较低。接下来看看情况是否如此。首先，创建一个函数来计算确定性模型预测的平均softmax值，并为MC舍弃预测创建一个类似的函数：

```
1 def get_mean_softmax_value(predictions) -> float:
2    mean_softmax = tf.nn.softmax(predictions, axis=1)
3    max_softmax = np.max(mean_softmax, axis=1)
4    mean_max_softmax = max_softmax.mean()
5    return mean_max_softmax
6
7
8 def get_mean_softmax_value_mc(predictions) -> float:
9    predictions_np = np.stack(predictions)
10   predictions_np_mean = predictions_np.mean(axis=1)
11   return get_mean_softmax_value(predictions_np_mean)
```

然后，便可打印出两种模型预测的平均 softmax 分数：

```
1 mean_standard = get_mean_softmax_value(predictions_standard)
2 mean_fgsm = get_mean_softmax_value(predictions_fgsm)
3 mean_standard_mc = get_mean_softmax_value_mc(predictions_standard_mc)
4 mean_fgsm_mc = get_mean_softmax_value_mc(predictions_fgsm_mc)
5 print(f"{mean_standard=:.2%}, {mean_fgsm=:.2%}")
6 print(f"{mean_standard_mc=:.2%}, {mean_fgsm_mc=:.2%}")
7 # mean_standard=89.58%, mean_fgsm=89.91%
8 # mean_standard_mc=89.48%, mean_fgsm_mc=85.25%
```

可以看到，与标准图像相比，标准模型在对抗图像上的置信度要稍高一些，尽管其准确率明显下降。然而，与标准图像相比，MC 舍弃模型在对抗图像上的置信度更低。虽然置信度下降的幅度不是很大，但还是很高兴地看到，模型在保持合理准确率的同时，在对抗图像上的平均置信度也在下降。

8.7　小结

在本章中，我们通过五个不同的案例研究说明了当下贝叶斯深度学习的各种应用。每个案例研究都使用代码示例来突出贝叶斯深度学习在应对机器学习实践中各种常见问题时具有的特定优势。首先，我们了解了贝叶斯深度学习如何在分类任务中用于检测分布外的图像。然后，还研究了如何使用贝叶斯深度学习方法使模型对数据集漂移具有更强的鲁棒性，而数据集漂移是生产环境中非常常见的问题。接下来，我们学习了贝叶斯深度学习如何有助于选择信息量最大的数据点来训练和更新机器学习模型。接着，我们转向讨论强化学习，并学习贝叶斯深度学习如何用于促进强化学习智能体采取更谨慎的行为。最后，了解贝叶斯深度学习如何帮助我们应对对抗性攻击。

在下一章中，我们将通过回顾当前趋势和最新方法来展望贝叶斯深度学习的未来。

8.8　延伸阅读

以下阅读清单将帮助你更好地理解本章中涉及的一些主题：

- Dan Hendrycks 和 Thomas Dietterich(2019)共同撰写的 *Benchmarking neural network robustness to common corruptions and perturbations*：这篇论文引入了图像质量扰动来使模型具有基准鲁棒性，我们在鲁棒性案例研究中见证了这一点。
- Yaniv Ovadia、Emily Fertig 等人(2019)共同撰写的 *Can You Trust Your Model's Uncertainty? Evaluating Predictive Uncertainty Under Dataset Shift*：这篇对比论文使用图像质量扰动引入了不同严重程度的人工数据集漂移，并测量不同深度神经网络在准确率和校准方面如何应对数据集漂移。

- Dan Hendrycks 和 Kevin Gimpel(2016)共同撰写的 *A Baseline for Detecting Misclassified and Out-of-Distribution Examples in Neural Networks*：这篇基本的分布外检测论文介绍了这一概念，并表明在分布外检测方面，softmax 值并不完美。
- Shiyu Liang、Yixuan Li 和 R. Srikant(2017)共同撰写的 *Enhancing The Reliability of Out-of-distribution Image Detection in Neural Networks*：表明输入扰动和温度缩放可以改善分布外检测的 softmax 基线。
- Kimin Lee、Kibok Lee、Honglak Lee 和 Jinwoo Shin(2018)共同撰写的 *A Simple Unified Framework for Detecting Out-of-Distribution Samples and Adversarial Attacks*：表明使用 Mahalanobis 距离可以有效地进行分布外检测。

第 **9** 章

贝叶斯深度学习的发展趋势

在本书中，我们介绍了贝叶斯深度学习的基本概念，理解了什么是不确定性及其在开发鲁棒的机器学习系统中的作用，学习了如何分析和实现几种基本贝叶斯深度学习方法的性能。虽然你所学到的知识能够让你开始开发自己的贝叶斯深度学习解决方案，但该领域发展迅速，许多新技术即将问世。

作为本书的收尾，在本章中，我们将在深入了解该领域的一些最新进展之前，先了解一下贝叶斯深度学习的当前趋势。最后，我们将介绍贝叶斯深度学习的一些替代方法，并就其他资源提供一些建议，以便你继续贝叶斯机器学习方法之旅。

本章主要内容：
- 贝叶斯机器学习的当前趋势
- 如何应用贝叶斯深度学习方法解决实际问题
- 贝叶斯深度学习的最新方法
- 贝叶斯深度学习的替代方法
- 贝叶斯深度学习的下一步工作

9.1 贝叶斯深度学习的当前趋势

在本节中，我们将探讨贝叶斯深度学习的当前趋势：哪些模型在文献中非常热门，并讨论为什么某些模型被选中用于某些应用，以便你对本书所涉及的基础知识如何更广泛地应用于各种应用领域有一个较好的认识。图 9.1 显示了贝叶斯深度学习关键搜索词随时间变化的流行程度。

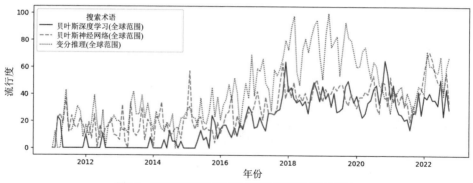

图 9.1　贝叶斯深度学习关键搜索词随时间变化的流行程度

　　如图 9.1 所示，在过去十年中，与贝叶斯深度学习相关的搜索词的流行程度有了显著提高。不出所料，这与如图 9.2 所示的深度学习搜索词的流行趋势一致；随着深度学习越来越流行，人们对量化深度神经网络预测的不确定性也越来越感兴趣。有趣的是，两幅图中所示的流行度在 2021 年中后期出现了类似的下降，表明只要深度学习流行，人们就会对贝叶斯深度学习产生兴趣。

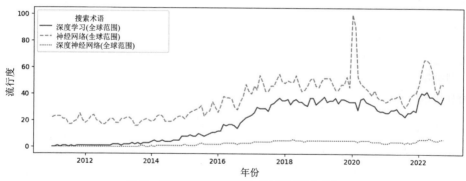

图 9.2　深度学习关键搜索词随时间变化的流行程度

　　图 9.1 展示了另一个有趣的现象：一般来说，变分推理比我们在此使用的另外两个与贝叶斯深度学习相关的搜索词更受欢迎。正如在第 5 章介绍变分自编码器时提到的，变分推理是贝叶斯深度学习的一个组成部分，它在机器学习界掀起了巨大的波澜，现在已经成为许多不同深度学习架构的一个特征。因此，它比那些明确包含"贝叶斯"一词的术语更受欢迎也就不足为奇了。

　　但是，本书中探讨的方法在流行程度和集成到各种深度学习解决方案中的情况如何呢？我们只需查看每篇原始论文的引用情况，就能对此有更多了解。

　　在图 9.3 中，可以看到 MC 舍弃论文是迄今为止引用率最高的论文，引用次数几乎是集成学习(第二大流行方法)的两倍。在本书的这一章中，原因应该相当清楚了：它不仅是最容易实现的方法之一(正如你在第 6 章中看到的)，而且从计算的角度来看，它也是最有吸引力的方法之一。它所需的内存并不比标准神经网络多，而且正如你在第 7 章中看到的，它也是运行推理速度最快的模型之一。在选择模型时，这些实际因素往往比不确定性估计等考虑因素更重要。

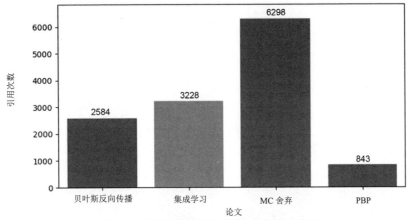

图9.3　深度学习关键搜索词随时间变化的流行程度

实际因素也可能是深度集成学习成为第二大流行方法的原因。虽然就训练时间而言，它可能不是最有效的方法，但推理速度往往才是最重要的：再次回顾第 7 章的结果，我们可以看到，尽管需要在多个不同的网络上运行推理，但集成学习在这方面表现非常出色。

深度集成学习通常在易于实现和理论考虑之间取得了良好的平衡：正如第 6 章所讨论的，集成学习是机器学习中的一个强大工具，因此神经网络集成学习表现出色并能够产生校准良好的不确定性估计也就不足为奇了。

排名第三和第四的最后两种方法分别是贝叶斯反向传播和概率反向传播。虽然贝叶斯反向传播比概率反向传播更容易实现，但由于它需要计算一些概率成分，这往往意味着，虽然在很多情况下它可能是生产中的最佳工具，但机器学习工程师可能没有意识到它的存在，或者不愿意实现它。概率反向传播将这种情况推向了另一个极端：正如你在第 5 章中看到的，实现概率反向传播并不是一件简单的事情。在撰写本文时，还没有任何深度学习框架包含易于使用且优化良好的概率反向传播实现，而且除了贝叶斯深度学习领域，许多机器学习研究人员和从业人员都没有意识到它的存在，这一点从它较少的引用次数中可以清楚地看出(尽管它的引用次数仍然相当可观！)。

对贝叶斯深度学习方法受欢迎程度的分析似乎说明了一个相当清晰的问题：选择贝叶斯深度学习方法的主要原因是其易于实现。事实上，有大量文献在讨论使用贝叶斯深度学习方法进行不确定性估计时，并未考虑模型不确定性估计的质量。幸运的是，随着不确定性感知方法的日益普及，这种趋势开始下降，我们希望本书能为你提供必要的工具，以便在选择贝叶斯神经网络方法时更有原则。

不管使用什么方法，也不管如何选择，机器学习研究人员和从业人员显然对贝叶斯深度学习方法越来越感兴趣，那么这些方法都有哪些用途呢？一起来看看。

9.2 如何应用贝叶斯深度学习方法解决现实世界中的问题

正如深度学习正在对各种应用领域产生影响一样，贝叶斯深度学习也正在成为越来越重要的工具，尤其是在安全关键型或任务关键型系统中使用大量数据的情况下。在这些情况下，正如大多数实际应用一样，能够量化模型何时"知其何时不知"，对于开发可靠、鲁棒的系统至关重要。

贝叶斯深度学习的一个重要应用领域是安全关键型系统。Björn Lütjens 等人在 2019 年发表的题为 *Safe Reinforcement Learning with Model Uncertainty Estimates* 的论文中证明，使用贝叶斯深度学习方法可以在避免碰撞的场景中产生更安全的行为(第 8 章中强化学习示例的灵感来源)。

同样，在论文 *Uncertainty-Aware Deep Learning for Safe Landing Site Selection* 中，作者 Katharine Skinner 等人探讨了如何将贝叶斯神经网络用于行星表面着陆点的自主危险检测。这项技术对于促进自主着陆至关重要，而最近深度神经网络在这项应用中表现出了明显的优势。Skinner 等人在他们的论文中证明，使用不确定性感知模型可以改进安全着陆点的选择，甚至可以从具有大量噪声的传感器数据中选择安全着陆点。这证明了贝叶斯深度学习能够提高深度学习方法的安全性和鲁棒性。

鉴于贝叶斯神经网络在安全关键型场景中越来越受欢迎，它在医疗应用中的应用也就不足为奇了。正如在第 1 章中提到的，深度学习在医学成像领域表现出了特别强大的性能。然而，在这类关键应用中，不确定性量化至关重要：技术人员和诊断人员需要了解与模型预测相关的误差范围。在 *Towards Safe Deep Learning: Accurately Quantifying Biomarker Uncertainty in Neural Network Predictions* 一文中，Zach Eaton-Rosen 等人在使用深度网络进行肿瘤体积估算时，采用了贝叶斯深度学习方法量化生物标记物的不确定性。其研究表明，贝叶斯神经网络可用于设计具有良好校准误差的深度学习系统。这些高质量的不确定性估计对于基于深度网络所构建模型的安全临床使用是必要的，这使得贝叶斯神经网络方法在将这些模型纳入诊断应用时变得至关重要。

随着技术的进步，我们收集和组织数据的能力也在不断提高。这一趋势正在将许多"小数据"问题转化为"大数据"问题。这并不是坏事，因为更多的数据意味着我们能够更深入地了解产生数据的基本过程。地震监测就是这样一个例子：近年来，密集的地震监测网络显著增加。从监测的角度来看，这是一件好事：科学家们现在拥有了比以往更多的数据，从而能够更好地理解和监测地球物理过程。然而，要做到这一点，他们还需要能够从大量高维数据中学习。

在论文 *Bayesian Deep Learning and Uncertainty Quantification Applied to Induced Seismicity Locations in the Groningen Gas Field in the Netherlands: What Do We Need for Safe AI?* 中，作者 Chen Gu 等人探讨了格罗宁根储气库的地震监测问题。正如他们在论文中提到的，虽然深度学习已被应用于许多地球物理问题，但使用不确定性感知深度网络的情况却很少见。他们的工作表明，贝叶斯神经网络可以成功地应用于地球物理问题，在格罗宁根储气库的案例中，从安全关键型和任务关键型的角度来看，贝叶斯神经网络都是至关重要的。从安全关键型的角度来看，这些方法可利用海量数据开发可推理地动活动的模型，并用于地震预警系统。从任务关键型的角度来看，这些方法可以利用相同的数据创建出能够估算储层产量的模型。

在这两种情况下，如果要将这些方法纳入任何现实世界的系统中，不确定性量化是关键，因为相信错误预测会带来高昂的代价，甚至灾难性的后果。

通过这些例子我们对贝叶斯深度学习在现实世界中的应用有了一些了解。与之前的其他机器学习解决方案一样，随着这些方法在越来越多的应用中得到应用，我们会了解到其更多潜在的不足之处。在下一节中，我们将了解该领域的一些最新进展，这些进展以书中涉及的核心方法为基础，从而开发出越来越鲁棒的贝叶斯神经网络近似方法。

9.3　贝叶斯深度学习的最新方法

在本书中，我们介绍了贝叶斯深度学习中使用的一些核心技术：贝叶斯反向传播(Bayes by Backprop，BBB)、概率反向传播(Probabilistic Backpropagation，PBP)、MC 舍弃(MC dropout)和深度集成。我们在文献中遇到的许多贝叶斯神经网络方法都是基于这些方法中，掌握了这些方法，就拥有了开发自己的贝叶斯深度学习解决方案的通用工具箱。然而，与机器学习的各个方面一样，贝叶斯深度学习领域也在飞速发展，新技术也在不断涌现。在本节中，我们将探讨该领域的部分最新进展。

9.3.1　结合 MC 舍弃和深度集成学习

如果可以使用两种贝叶斯神经网络技术，为什么只使用一种呢？这正是爱丁堡大学研究人员 Remus Pop 和 Patric Fulop 在他们的论文 *Deep Ensemble Bayesian Active Learning: Addressing the Mode Collapse Issue in Monte Carlo Dropout via Ensembles* 中采用的方法。在该论文中，Pop 和 Fulop 描述了如何利用**主动学习**使深度学习方法在标注数据耗时或成本高昂的应用中变得可行。这里的问题是，正如之前所讨论的，深度学习方法已被证明在一系列医学成像任务中取得了令人难以置信的成功。问题在于，这些数据需要仔细标注，而深度网络要想实现高性能，就正需要大量这样的数据。

因此，机器学习研究人员提出了主动学习方法，利用**采集函数**来确定何时将新数据添加到训练集中，从而自动评估新数据点并将其添加到数据集中。模型不确定性估计是一个关键的难题：它们提供了一个关键的指标，来衡量新数据点与模型对领域的现有理解之间的关系。Pop 和 Fulop 在其论文中证明，一种流行的**深度贝叶斯主动学习(Deep Bayesian Active Learning，DBAL)**方法存在一个致命缺点：在 DBAL 中使用的 MC 舍弃模型会导致出现过高置信。在上述论文中，作者通过将深度集成学习和 MC 舍弃结合到一个模型中来解决这一问题(见图 9.4)。他们证明，由此产生的模型具有更好的校准不确定性估计，从而改正了 MC 舍弃所表现出的过高置信的预测。由此产生的方法被称为**深度集成贝叶斯主动学习**，它为在数据采集困难或昂贵的应用中鲁棒地采用深度学习方法提供了一个框架，并再次证明了贝叶斯主动学习是现实世界中部署深度网络的重要组成部分。

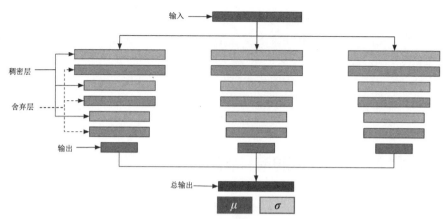

图 9.4　结合 MC 舍弃和深度集成学习网络的图示

这种将深度集成学习与 MC 舍弃相结合的方法还可应用于其他领域。例如，前面提到的 Lütjens 等人的防碰撞论文也使用了 MC 舍弃和深度集成网络的组合。这说明，不能总是简单地选择一种或另一种方法。有时，将各种方法结合起来是开发鲁棒、校准更好的贝叶斯深度学习解决方案的关键。

9.3.2　通过促进多样性改进深度集成学习

正如你在本章前面所见，从引用次数来看，深度集成学习是本书所涉及的关键贝叶斯深度学习技术中第二大流行的技术。因此，研究人员一直在研究改进深度集成学习标准实现的方法也就不足为奇了。

在 Tim Pearce 等人撰写的论文 *Uncertainty in Neural Networks: Approximately Bayesian Ensembling* 中，作者强调，标准的深度集成学习因不符合贝叶斯而受到批评，并认为标准方法在许多情况下可能缺乏多样性，因此产生了描述性较差的后验。换句话说，由于集成学习缺乏多样性，深度集成学习往往会导致出现过高置信的预测。

为了弥补这一缺陷，作者提出了一种称为**锚定集成学习**的方法。锚定集成学习与深度集成学习一样，使用的是神经网络集成。不过，它使用了一个经过特别调优的损失函数，以防止集成成员的参数偏离其初始值太远。来看看：

$$Loss_j = \frac{1}{N}||y - \hat{y}||_2^2 + \frac{1}{N}||\Gamma^{\frac{1}{2}} \times (\theta_j - \theta_{anc,j})||_2^2 \tag{9.1}$$

这里，$Loss_j$ 是为集成中第 j 个网络计算的损失。在公式中呈现了一个熟悉的损失形式：$||y - \hat{y}||_2^2$。Γ 是对角正则化矩阵，θ_j 是网络参数。这里的关键点是 θ_j 与 $\theta_{anc,j}$ 变量之间的关系。这里，anc 表示锚定，该方法由此得名。参数 $\theta_{anc,j}$ 是第 j 个网络的初始参数集。因此(正如通过乘法所看到的)，如果这个值很大，换句话说，如果 θ_j 和 $\theta_{anc,j}$ 相差很大，损失就会增加。因此，如果集成学习中的网络偏离其初始值太远，就会受到惩罚，迫使它们找到最小化公式中第一项的参数值，同时尽可能地保持接近其初始值。

这一点非常重要，因为如果我们使用的初始化策略更有可能产生一组多样化的初始参数值，那么保持这种多样性就能确保集成学习在训练后由多样化的网络组成。正如作者在论文中所证明的那样，这种多样性是产生原则性不确定性估计的关键：确保网络预测在高数据区域收敛，在低数据区域发散，正如你在第 2 章的高斯过程示例中看到的那样，如图 9.5 所示。

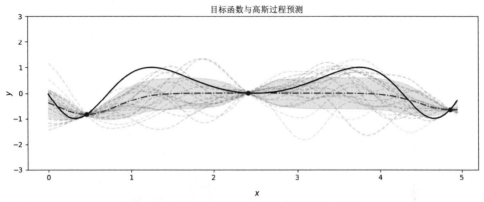

图 9.5　使用高斯过程获得的原则性不确定性估计示意图

作为提示，实线为真实函数，点为函数样本，虚线为平均高斯过程预测值，淡虚线为可能的函数样本，阴影区域为不确定性。

Pearce 等人在论文中证明，他们的锚定集成学习能够比标准深度集成学习更接近这样的描述性后验分布。

9.3.3　超大网络中的不确定性

虽然本书的核心目标主题是介绍在深度神经网络中使用近似贝叶斯推理的方法，但我们还没有解决如何将其应用于近年来最成功的神经网络体系结构之一：Transformer。就像之前更典型的深度网络一样，Transformer 在各种任务中取得了里程碑式的性能。深度网络已经可以处理大量数据，而 Transformer 则将其提升到一个新的水平：处理大量数据，包括数千亿个参数。最著名的 Transformer 网络之一是 GPT-3，它是由 OpenAI 开发的 Transformer，包含超过 1,750 亿个参数。

Transformer 首先用于**自然语言处理(Natural Language Processing，NLP)**任务，并证明，通过使用自注意力和足够的数据量，可以在不使用循环神经网络的情况下实现竞争性性能。这在神经网络架构开发方面迈出了重要的一步：证明了可以通过自注意来学习序列上下文，并提供了能够从迄今为止前所未有的海量数据中学习的架构。

然而，正如之前典型深度网络的发展趋势一样，Transformer 的参数是点估计，而不是分布，因此无法用于不确定性量化。Boyang Xue 等人在其论文 *Bayesian Transformer Language Models for Speech Recognition* 中试图弥补这一缺陷。在该文中，他们证明了变分推理可以成功地应用于 Transformer 模型，从而促进了近似贝叶斯推理。图 9.6 所示为 Transformer 架构示意图。

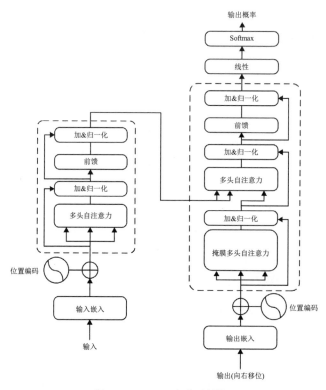

图 9.6　Transformer 架构示意图

　　然而，由于 Transformer 体积庞大，对所有参数进行贝叶斯参数估计的成本高得惊人。因此，Xue 等人将贝叶斯推理应用于模型参数的子集，特别是前馈和多头自注意力模块中的参数。从图 9.6 中可以看到，这就从变分采样过程中排除了很多层，从而节省了计算周期。

　　Samuel Müller 等人在论文 *Transformers Can Do Bayesian Inference* 中提出了另一种方法，即通过利用用于训练 Transformer 的大量数据来近似贝叶斯推理。在被称为**"先验数据拟合网络"(Prior-Data Fitted Networks, PFN)** 的方法中，作者将后验近似问题重述为监督学习任务。也就是说，他们的方法不是通过采样获得预测分布，而是直接从数据集样本中学习近似后验预测分布。

算法 1　PFN 模型训练程序

输入： 数据集 $p(D)$ 上的先验分布，从中可以抽取采样，并得到样本的个数 K

输出： 一个通过初始化神经网络来近似 PPD 的模型 $q\theta$

1: **for** i:=1 to 10 **do**
2: 采样 $D \cup (x_i, y_i)_{i=1}^{m} \approx p(D)$
3: 计算随机损失近似 $\bar{l}_\theta = \sum_{i=1}^{m}(-\log q_\theta(y_i|x_i, D))$
4: 在 $\nabla_\theta \bar{l}_\theta$ 上用随机梯度下降法更新参数 θ

正如此处伪代码所表示的那样，在训练过程中，模型会对包含输入 x 和标签 y 的多个数据子集进行采样，然后屏蔽其中一个标签，并学会根据其他数据点对该标签进行概率预测。这样，PFN 就能在一次前向传递中完成概率推理，这与我们在第 5 章中看到的概率反向传播相似。虽然在单次前向传递中近似贝叶斯推理对于任何应用都是可取的，但对于具有大量参数的 Transformer 来说，这点甚至更有价值。因此这里介绍的 PFN 方法极具吸引力。

当然，Transformer 也常用于迁移学习中：将 Transformer 中丰富的特征嵌入作为对计算要求较低的小型网络的输入。因此，在贝叶斯上下文中使用 Transformer 的最明显方法可能是将其嵌入作为贝叶斯深度学习网络的输入，事实上，在许多情况下，这可能是最明智的第一步。

在本节中，我们探讨了贝叶斯深度学习网络的一些最新进展。它们都建立在本书中介绍的方法之上，并直接应用于这些方法，你在开发自己的深度网络近似贝叶斯推理解决方案时，可以考虑实施这些方法。不过，考虑到机器学习的研究速度，对贝叶斯近似的改进也在不断增加，我们鼓励你自己去探索文献，去发现研究人员正在学习大规模实现贝叶斯推理的各种方法，而且这些方法具有各种计算和理论优势。尽管如此，贝叶斯深度学习并不总是正确的解决方案，下一节我们将探讨其中的原因。

9.4 贝叶斯深度学习的替代方案

虽然本书的重点是使用深度神经网络进行贝叶斯推理，但这些方法并不总是最佳选择。一般来说，当拥有大量高维数据时，贝叶斯推理是一个不错的选择。正如在第 3 章中所讨论的(你可能也知道)，深度网络在这些场景中表现出色，因此将它们用于贝叶斯推理是一个明智的选择。另一方面，如果只有少量低维数据(只有几十个特征，少于 10,000 个数据点)，那么更传统、理论性更强的贝叶斯推理可能更适用，例如使用采样或高斯过程。

尽管如此，人们一直对扩展高斯过程很感兴趣，研究人员已经开发出基于高斯过程的方法，这些方法既能扩展到海量数据，又能进行复杂的非线性变换。在本节中，我们将介绍这些替代方法，以备大家进一步研究。

9.4.1 可扩展的高斯过程

在本书的开头，我们介绍了高斯过程，并讨论了为什么高斯过程是机器学习中原则性强、可合理计算的不确定性量化的黄金标准。最重要的是，我们谈到了高斯过程具有的局限性：在计算高维数据或大量数据时，高斯过程不可行。

然而，高斯过程是非常强大的工具，机器学习领域还没有放弃它。在第 2 章中，我们讨论了高斯过程训练和推理中的关键限制因素：逆协方差矩阵。虽然有一些方法可以使其在计算上更容易处理(如 Cholesky 分解)，但这些方法也只能做到这一步。因此，使高斯过程具有可扩展性的关键方法被称为稀疏高斯过程，它们希望通过稀疏高斯过程近似来修改协方差矩阵，从而解决棘手的高斯过程训练问题。简单地说，如果我们能缩小或简化协方差矩阵(例如，通过减少数据点的数量)，就能使协方差矩阵的反演变得容易，从而使高斯过程的训练和推理变得容易。

Edward Snelson 和 Zoubin Ghahramani 在论文 *Sparse Gaussian Processes using Pseudo-Inputs* 中介绍了一种最为流行的方法。与其他稀疏高斯过程方法一样，作者开发了一种利用大型数据集实现可控高斯过程的方法。作者在论文中表明，他们可以通过使用数据子集来近似使用完整数据集进行训练：通过将大数据问题转化为小数据问题，有效地规避了大数据问题。不过，这样做需要选择适当的数据点子集，作者将其称为**伪输入**。

作者利用联合优化过程实现了这一目标，即从全集 *N* 中选择数据子集 *M*，同时优化核的超参数。这个优化过程实质上就是找到最能描述整体数据的数据点子集：我们在图 9.7 中对此进行了说明。

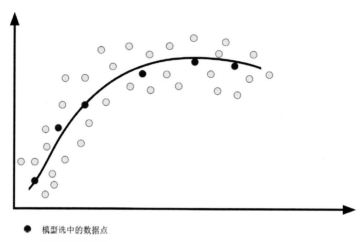

● 模型选中的数据点

━ 模型的平均值预测

图9.7　伪输入的简单说明

在本图中，所有数据点都有说明，但可以看到，某些数据点被选中，因为它们描述了变量之间的关键关系。然而，这些数据点不仅需要像多项式回归那样用平均值来描述变量之间的关系，还需要复制基础数据的方差，从而使高斯过程仍能得出校准良好的不确定性估计值。

也就是说，虽然伪输入有效地减少了数据点的数量，但伪输入的分布仍需与真实输入的分布近似：如果真实数据分布中的某个区域数据丰富，从而在该区域产生可信预测，那么伪输入也需要如此。

最近，Ke Wang 等人在他们的论文 *Exact Gaussian Processes on a Million Data Points* 中介绍了另一种可扩展高斯过程的方法。在这项工作中，作者利用多 GPU 并行化方法的最新发展来实现可扩展高斯过程。这种方法被称为**黑箱矩阵乘法(Blackbox Matrix-Matrix Multiplication，BBMM)**，它将高斯过程推理问题简化为矩阵乘法的迭代。这样一来，由于矩阵乘法可以被划分并分布到多个 GPU 上，从而使该过程更容易实现并行化。作者指出，这样做可以将高斯过程训练的内存需求复杂度降低到每个 GPU 上的 $O(n)$。这使得高斯过程能够从深度学习方法十多年来一直受益的计算增益中获益！

本文介绍的两种方法都很好地解决了高斯过程所面临的可扩展性问题。第二种方法尤其令人印象深刻，因为它实现了精确的高斯过程推理，但也确实需要大量的计算基础设施。另一方面，伪输入法在许多用例中是实用的。然而，这两种方法都没有利用贝叶斯深度学习具有的一个关键优势：深度网络通过复杂的非线性变换来学习嵌入的能力。

9.4.2　深度高斯过程

Andreas Damianou 和 Neil Lawrence 在他们的论文 *Deep Gaussian Processes* 中介绍了深度高斯过程，通过多层高斯过程来解决丰富嵌入问题，就像深度网络具有多层神经元一样。与前面提到的可扩展高斯过程不同，深度高斯过程的动机是可扩展性问题的反面：如何才能用很少的数据获得深度网络的性能？

面对这个问题，并了解到高斯过程在少量数据上表现出色，Damianou 和 Lawrence 开始研究是否可以对高斯过程进行分层，以产生类似的丰富嵌入。

他们的方法虽然在实现上很复杂，但原理很简单：正如深度神经网络由许多层组成，每一层接收前一层的输入，并将输出输入到后一层，深度高斯过程也采用了这种形式的图结构，如图 9.8 所示。在数学上，与深度网络一样，深度高斯过程也可以被视为函数的组合。因此，前面展示的高斯过程可以描述为：

$$y = g(x) = f_2(f_1(x)) \tag{9.2}$$

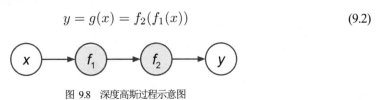

图 9.8　深度高斯过程示意图

虽然这为高斯过程引入了我们在深度学习中习以为常的丰富非线性变换，但这也是有代价的。我们已经知道，标准高斯过程在可扩展性方面存在限制。遗憾的是，对于深度高斯过程来说，以这种方式将它们组合起来在分析上是难以实现的。因此，Damianou 和 Lawrence 必须找到一种实现深度高斯过程的可行方法，他们使用了一种大家现在应该很熟悉的工具：变分近似。变分近似是本书介绍的一些贝叶斯深度学习方法的重要组成部分，也是实现深度高斯过程的关键因素。在论文中，他们展示了如何借助变分近似实现深度高斯过程，使其不仅可以利用深度高斯过程生成丰富的非线性嵌入，还可以利用少量数据实现丰富的非线性嵌入。这使得深度高斯过程成为贝叶斯方法库中的重要工具，因此是一种值得继续关注的方法。

9.5　贝叶斯深度学习的下一步工作

在本章中，我们通过对各种技术的介绍结束了对贝叶斯深度学习的了解，这些技术可以帮助大家改进本书中探讨的基本方法。我们还了解了强大的贝叶斯推理黄金标准(高斯过程)如何适应通常为深度学习保留的任务。虽然高斯过程确实可以适用于这些任务，但我们也建议，一般来说，使用本书介绍的方法或由其衍生的方法更为简单实用。作为机器学习工程师，你可以自行决定哪种方法最适合手头的任务，我们相信本书的内容将使你能够很好地应对未来的挑战。

虽然本书为你提供了入门所需的基础知识，但你应该能够学到更多，尤其是在这样一个飞速发展的领域！在下一节中，我们将提供一些关键的最终建议，帮助你规划学习和应用贝叶斯深度学习的下一步工作。

我们希望你能发现本篇有关贝叶斯深度学习的介绍内容全面、实用且读起来轻松愉快。感谢你的阅读，祝你在进一步探索这些方法并将其应用于自己的机器学习解决方案时取得成功。

9.6 延伸阅读

以下是为希望进一步了解本章介绍的最新方法的读者提供的阅读建议。这些文章对该领域当前面临的挑战提供了很好的见解，其视角超越了贝叶斯神经网络，更广泛地涉及可扩展的贝叶斯推理：

- Pop 和 Fulop 撰写的 *Deep Ensemble Bayesian Active Learning*：这篇论文展示了在主动学习任务中，将深度集成学习与 MC 舍弃相结合以产生更好的校准不确定性估计值的优势。
- Pearce 等人撰写的 *Uncertainty in Neural Networks: Approximately Bayesian Ensembling*：这篇论文介绍了一种简单有效的方法来提高深度集成学习的性能。作者表明，通过对损失函数进行简单调整来促进多样性，集成学习能够产生更好的校准不确定性估计值。
- Snelson 和 Gharamani 撰写的 *Sparse Gaussian Processes Using Pseudo-Inputs*：这篇论文介绍了基于伪输入的高斯过程概念，引入了可扩展高斯过程推理中的一种关键方法。
- Wang 等人撰写的 *Exact Gaussian Processes on a Million Data Points*：这是一篇重要文献，证明高斯过程可以通过使用 BBMM 从计算硬件的发展中获益，从而使大数据的精确高斯过程推理成为可能。
- Damianou 和 Lawrence 撰写的 *Deep Gaussian Processes*：这篇论文介绍了深度高斯过程的概念，展示了如何利用远小于深度学习所需的数据集来实现复杂的非线性变换。

我们精选了一些重要资源，帮助你在下一步学习贝叶斯深度学习时更深入地了解相关理论，并帮助你从此处介绍的内容中获得最大收益：

- Murphy 著的 *Machine Learning: A Probabilistic Perspective*：该书于 2012 年出版，现已成为机器学习方面的重要文献之一，为理解机器学习中的所有关键方法提供了一种原则性强的方法。该书的概率论视角使其成为贝叶斯文献收藏的重要补充。
- Murphy 著的 *Probabilistic Machine Learning: An Introduction*：Murphy 的另一本著作。该著作于 2022 年出版，是另一本详细论述概率机器学习(包括贝叶斯神经网络部分)的重要著作。虽然这本著作与 Murphy 的前一本教材在内容上有一些重叠，但两本著作都值得一读。
- Rasmussen 和 Williams 著的 *Gaussian Processes for Machine Learning*：该书可能是关于高斯过程的最重要的教科书，在贝叶斯推理方面具有极高的价值。作者对高斯过程的详细解释将让你全面了解贝叶斯难题中的这一重要部分。
- Martin 著的 *Bayesian Analysis with Python*：该书涵盖了贝叶斯分析的所有基础知识，是一本优秀的基础性文献，将帮助你深入了解贝叶斯推理的基本原理。